AF590340

SUPPLÉMENT

A LA TRIGONOMÉTRIE SPHÉRIQUE, ET A LA NAVIGATION DE BEZOUT,

OU

RECHERCHES

Sur les meilleures manieres de déterminer les longitudes à la mer, soit par des méthodes de calcul, soit par des constructions graphiques, soit avec le secours d'un instrument:

PAR FRANÇOIS CALLET.

DE L'IMPRIMERIE DE DIDOT L'AÎNÉ.

A PARIS,

CHEZ FIRMIN DIDOT, LIBRAIRE POUR LES MATHÉMATIQUES ET L'ARCHITECTURE, RUE DE THIONVILLE, n°. 116.

An VI, (1798.)

AVANT-PROPOS.

Le problême des longitudes est trop célebre par les avantages qui en résultent, et qui tournent au profit de la navigation et du commerce, pour n'être pas l'objet des recherches de tous ceux qui cultivent la géométrie et l'astronomie.

Les moyens qu'on a imaginés jusqu'à présent pour le résoudre se réduisent à quatre, comme l'observe Bezout; et ces moyens sont l'aiguille aimantée, les montres marines, les éclipses, et les distances des astres.

Le premier, qui consiste à marquer par des courbes tracées sur des cartes hydrographiques tous les lieux où la déclinaison de l'aiguille aimantée est nulle, et tous ceux où elle varie de la même maniere, seroit applicable si la boussole ne varioit en déclinaison que suivant les lieux: mais malheureusement elle varie aussi suivant les temps; ce qui ne tarde pas à rendre les meilleures cartes de ce genre de plus en plus défectueuses. Ainsi ce moyen a été abandonné.

Le second seroit peut-être le plus commode de tous s'il étoit possible de construire des montres dont la marche fût absolument réguliere. Cet objet est difficile à remplir. Est-il impossible? Des artistes anglois, et en France, les citoyens Leroi, Berthoud, Lepaute, et Breguet, en ont approché de maniere à faire espérer qu'on pourra enfin parvenir à une perfection, sinon rigoureuse, du moins très suffisante.

Le troisieme moyen (celui des éclipses) seroit excellent, si, parmi ces phénomenes instantanés, ceux qui sont les plus fréquents étoient moins difficiles à observer, ou si ceux dont l'observation est facile arrivoient plus fréquemment. On ne peut donc faire usage de ce moyen que quand l'occasion s'en présente.

Enfin, le quatrieme moyen (celui des distances) est toujours praticable, car il est toujours possible de mesurer la distance de la lune au soleil ou à une étoile. Il y a pourtant trois ou quatre jours par mois où cette observation ne peut point avoir lieu, et ces jours sont ceux qui précedent et qui suivent le moment de la nouvelle lune de chaque mois. C'est dans ces temps qu'à la mer une bonne montre est un instrument bien précieux.

Lacaille est un des premiers qui aient senti les avantages de la méthode des distances: il avoit eu l'idée de mettre dans un almanach nautique des tables des distances de la lune au soleil et aux principales étoiles. Les Anglois ont les premiers réalisé cette idée dans leur *nautical Almanac*. Enfin, nos astronomes calculent pour le service de la marine des tables semblables, qui occupent dans la *Connoissance des temps* les quatre dernieres pages de chaque mois: on y trouve pour chaque jour du mois, et de trois heures en trois heures, la distance du centre de la lune, soit au centre du soleil, soit aux plus brillantes étoiles qui avoisinent le zodiaque, telles que celles qui sont désignées sur les globes par la lettre *alpha*, dans les constellations du scorpion, de l'aigle, du poisson austral, de pégase, du bélier, du taureau, du lion, de la vierge, etc.

Ces distances varient de trois en trois heures, de maniere que leurs différences premieres se trouvent comprises entre deux limites, qui sont, à peu de chose près, 75′ et 110′. La moindre variation de la distance en une heure est donc de 25′; en une minute d'heure elle est de 25″ : ainsi une erreur d'une seconde de degré sur la distance, produit sur le temps de l'observation une erreur d'un vingt-cinquieme de minute d'heure, ou d'un centieme de degré, qui vaut un cinquieme de lieue. Or à la mer une telle erreur ne tire nullement à conséquence.

Pour donner une idée de la maniere de déterminer la longitude d'un lieu par le moyen de la distance de la lune au soleil, ou à une étoile, observée de ce lieu, ou déduite de l'observation, supposons que le 10 juin 1792, étant dans la mer Baltique par une latitude de 55° 53′ 0″ nord, on ait observé à 5h 33′ 40″ la distance de la lune au soleil, et trouvé pour la distance vraie des centres de ces deux astres 102° 11′ 11″ ;

On cherchera le mois de juin dans le volume de la *Connoissance des temps*, pour l'année 1792, à la neuvieme page de ce mois (il en est de même de tous les autres) : on trouvera une table de quatre pages, ayant pour titre, *Distances du centre de la lune au soleil et aux étoiles*. On y verra que, le 10 juin, la distance du centre de la lune à celui du soleil est, à trois

heures, ...	102°	57′	4″
Qu'elle est, à six heures, ...	101	21	23
La différence de ces deux distances est	1	35	41
Prenant de même la différence de	102°	57′	4″
à celle qui est déduite de l'observation	102	11	11
On aura	0	45	53

Ensuite on fera cette analogie :

Si, pour s'approcher l'un de l'autre de 1° 35′ 41″, ou de 5741″, deux mobiles dont le mouvement est à-peu-près uniforme, emploient 3 heures ou 10800″,

Combien de secondes emploieront-ils pour s'approcher de 45′ 3″ ou de 2753″?

C'est-à-dire qu'on établira cette proportion :

$$5741 : 2753 :: 10800'' : x''.$$

On trouvera que le quatrieme terme $x'' = 5179'' = 1^h\ 26'\ 19''$.

On comptoit donc à Paris $3^h + 1^h\ 26'\ 19''$ ou $4^h\ 26'\ 19''$ au moment où la distance des deux astres étoit de 102° 11′ 11″ ; mais à ce même moment on comptoit à bord $5^h\ 33'\ 40''$, c'est-à-dire $1^h\ 7'\ 21''$ de plus qu'à Paris : le navire est donc à l'orient de Paris, et sa longitude comptée à partir du méridien de Paris est de $1^h\ 7'\ 21''$ en temps, ou en degrés elle est de 16° 50′ 15″.

Mais cette distance 102° 11′ 11″, que nous avons nommée distance vraie des centres des deux astres, n'est pas celle qui résulte immédiatement de l'observation, et qu'on nomme distance apparente des centres; celle-ci a besoin d'être encore corrigée des effets de la réfraction et de la parallaxe; et c'est par cette correction qu'on convertit la distance apparente en une distance vraie.

Pour sentir combien cette correction est nécessaire, il suffit de comparer le résultat qu'on vient de trouver en employant la distance vraie, avec celui qu'on trouveroit en faisant usage de la distance apparente des mêmes astres, qui est de 102° 30′ 0″. Cette distance étant ôtée de 102° 57′ 4″, qui répond à trois heures, donne pour reste 0° 27′ 4″ ou 1624″ : on a donc la proportion $5741 : 1624 :: 10800''\ x'' = 3055'' = 50'\ 55''$.

On comptoit donc à Paris $3^h\ 50'\ 55''$ suivant ce calcul, tandis qu'on comptoit à bord $5^h\ 33'\ 40''$. La différence est $1^h\ 42'\ 45''$, qui, réduite en degrés, donne 25° 41′ 15″ au lieu de 16° 50′ 15″ trouvés précédemment. La différence est 8° 50′. Cette erreur est énorme, puisqu'étant évaluée en lieues, elle monte à plus de 96 lieues marines, et qu'elle s'éleveroit à plus de 170 si l'on étoit dans le voisinage de l'équateur.

La conversion de la distance apparente en une distance vraie étant une correction indispensable, il a fallu imaginer des moyens pour opérer cette conversion; et la géométrie ne tarda pas à les offrir. Les Anglois ne les trouvant pas à la portée de leurs navigateurs, composerent de très grandes tables pour opérer cette conversion sans le secours du calcul trigonométrique : mais ces tables, quoique très volumineuses et partant très embarrassantes à la mer, sont d'un usage peu commode par les interpolations qu'elles exigent. Les Anglois n'ont pas tardé à sentir que ces tables n'étoient point à la portée de leurs marins : ils les ont converties en un recueil de cartes, au moyen desquelles des procédés graphiques, des opérations faites avec le compas sont substitués aux calculs que demandent leurs grandes tables. Il paroît que les planches de ces cartes ont été gravées avec un soin et une exactitude extrêmes : mais, quelle que soit cette exactitude, les cartes qui sont humectées au moment du tirage, et qui alors sont conformes aux planches, ne le sont plus après la retraite du papier qui s'accourcit à mesure qu'il seche ; et puis elles sont d'un prix qui n'est nullement modéré.

En France on a jusqu'à présent préféré les méthodes directes et qui n'exigent que l'usage des tables des sinus ou plutôt de leurs logarithmes : celle qui est employée depuis plus de trente ans par les meilleurs marins est due au citoyen Borda.

Quoique les avantages de cette méthode fussent de nature à ne laisser rien à desirer, cependant on souhaitoit de savoir si cette méthode étoit, parmi les méthodes directes et rigoureuses, la plus simple qu'on pût employer à la correction de la distance apparente.

Ce vœu est la matiere du programme proposé par l'académie des sciences de Paris pour le prix qui devoit être décerné en 1790, et qui fut remis à l'année 1791.

Voici la question:

Trouver pour la réduction de la distance apparente de deux astres en distance vraie, une méthode sûre et rigoureuse, qui n'exige cependant dans la pratique que des calculs simples et à la portée du plus grand nombre de navigateurs.

Cette question est très intéressante, et fait voir que ceux qui consacrent leurs veilles à reculer les bornes de nos connoissances, estiment et recherchent plus particulièrement celles qui sont d'une utilité plus générale. Mais ils ne se bornent pas à une estime oisive, une sollicitude active les entraîne le plus souvent à des recherches laborieuses.

Parmi les pieces envoyées au concours en 1790, il n'y en eut aucune qui remplît assez sûrement ni assez exactement l'objet de la question proposée.

Le citoyen Lagrange, voyant par les pieces envoyées au concours que la plupart des concurrents étoient des artistes qui avoient fait ce qui dépendoit d'eux pour inventer des instruments capables d'opérer la réduction demandée, craignit qu'ils ne fissent de nouveaux efforts aussi infructueux que les premiers; il se proposa donc la recherche d'un principe qui pût servir de base à la construction de ces sortes d'instruments.

Ce principe trouvé, le citoyen Lagrange en fit part à ses confreres, qui le communiquerent aux artistes qu'ils soupçonnoient s'être déja occupés de la question, ou qu'ils jugeoient capables de s'en occuper.

Il paroît que le citoyen Richer en fut le plus frappé, car ce fut l'instrument qu'il exécuta sur ce principe, qui remporta le prix en 1791.

Voici mot à mot ce qui est dit à ce sujet au programme du prix proposé pour 1792, que précede la proclamation de celui de 1791:

« Le prix a été décerné à la piece n°. 4, ayant pour épigraphe, « *Le trident de Neptune est le sceptre du monde*. Son auteur « est Jean-François Richer, ingénieur bréveté de l'académie. « Cette piece renferme un mémoire et un instrument. L'instru- « ment convertit avec une extrême précision la distance appa- « rente de deux astres en distance vraie, et donne encore la « solution des triangles sphériques en les réduisant à des trian- « gles rectilignes. Le citoyen Richer a fait usage des divi- « sions inégales, mais sans transversales : il est parvenu par des « moyens nouveaux à obtenir ces mesures délicates à la préci- « sion de cinq secondes. Le mémoire qu'il a présenté indique « une méthode d'approximation qui peut dispenser d'une pré- « cision trop rigoureuse dans la construction de son instrument : « cette méthode le mettra par-là plus à la portée des moyens « d'un plus grand nombre de navigateurs. Le citoyen Richer a « reconnu que les principes de construction de son instrument, « ainsi que la méthode d'approximation, appartenoient à une « théorie analytique, ingénieuse, et simple, dont l'auteur est « un géometre illustre ; et c'est un nouvel exemple de l'utilité « des sciences abstraites et des droits que ceux qui les cultivent « ont à la reconnoissance publique. »

J'ai eu occasion de faire usage de cet instrument : le citoyen Richer, que je connois depuis très long-temps, me l'a confié toutes les fois que j'ai paru le desirer. Mon premier soin fut de découvrir le principe qui lui sert de fondement. Arrivé à ce principe, il me sembla en être l'auteur, parcequ'il étoit nouveau pour moi ; et l'instrument qui en découle m'intéressa autant que si j'en eusse été l'inventeur. Desirant d'en répandre l'usage autant qu'il étoit en mon pouvoir, j'ai exhorté le citoyen Richer à s'occuper des moyens de rendre cet instrument d'une acquisition facile à un plus grand nombre de marins. Ces moyens exigeoient certains travaux préliminaires d'où sont déja résultées des matrices pour assurer l'exactitude de la division et en accélérer le travail, et d'où vont bientôt sortir des outils pour simplifier le procédé de la fabrication. De mon côté je me suis occupé à en donner une description détaillée, et à en développer les principaux usages : car ils ne sont pas bornés à la réduction d'une distance apparente en une distance vraie ; ils donnent aussi la solution des questions les plus importantes de la géographie et de l'astronomie sphérique et nautique.

Je m'étois proposé de joindre au discours préliminaire de l'édition stéréotype de mes tables, des recherches sur les solutions des mêmes questions par des méthodes de calcul : ce discours s'étant déja trouvé très long, je n'ai pas jugé à propos de les y faire entrer, me réservant de les insérer ailleurs. En les plaçant à la suite de l'exposition du principe du citoyen Lagrange, je mets le lecteur plus en état de comparer les résultats, et je souscris au vœu d'un savant qui n'a jamais prétendu substituer l'usage d'un instrument à celui du calcul.

D'autres considérations m'ont déterminé à insérer ici quelques recherches sur l'astronomie nautique : les voici.

1°. Les marins ayant à tout moment besoin de calculer un angle d'un triangle sphérique dont les trois côtés sont connus, soit pour trouver l'heure du lieu, soit pour déterminer l'azimut d'un astre, soit pour obtenir la latitude par le moyen de deux hauteurs d'un même astre, observées hors du méridien, quand il n'a pas été possible d'en prendre la hauteur méridienne ; la plupart d'entre eux suivent machinalement une méthode de calcul qui ne leur est pas démontrée : d'autres au contraire, et ces derniers sont ceux qui aiment à s'instruire, ont une certaine répugnance à faire des opérations dont ils ignorent le principe ; car Bezout expose cette méthode dans sa géométrie, mais il n'en donne la démonstration qu'à la fin de son algebre. Le citoyen Monge a senti cet inconvénient : il a communiqué aux professeurs de la marine, en 1788, une démonstration très ingénieuse de la méthode de Bezout. Elle est fondée sur des considérations purement géométriques. Il y enseigne d'abord à construire l'angle qu'on veut avoir, puis il applique à sa construction une analyse simple, élémentaire, sans algebre, et dont le résultat est la regle donnée par Bezout.

2°. Il est une vérité très connue et très féconde ; c'est la proposition 26e qui sert de base à celle du citoyen Lagrange. Les géometres qui ont quelque vue nouvelle à proposer sur l'astronomie sphérique, partent ordinairement de cette proposition comme d'un principe connu, parcequ'en effet elle est démontrée par-tout, dans l'astronomie de Lalande, dans celle de Lacaille, dans Cagnoli, dans Marie, dans Desparcieux, etc. C'est ainsi qu'en a usé le citoyen Borda dans le troisieme chapitre de la Description de son Cercle de Réflexion, où il donne les démonstrations des diverses méthodes de calcul exposées dans cet ouvrage : mais ce principe si connu ne l'est point de ceux qui n'ont étudié que le cours de Bezout, parcequ'on ne le trouve point dans ce cours. Ils se trouvent donc arrêtés dès le commencement de cet article du citoyen Borda. C'est principalement pour eux que j'ai cru devoir démontrer la proposition 26, et en déduire les conséquences qui sont les plus utiles aux navigateurs.

DESCRIPTION

DU COMPAS TRIGONOMÉTRIQUE

Construit par le citoyen Richer suivant les principes du citoyen Lagrange (1).

Ce compas (*fig.* 3) est composé de deux branches principales ZH, Z*h*, et de deux branches secondaires H*h* et SL.

Les branches principales tiennent ensemble par une charniere Z, qui leur permet de jouer comme un compas ordinaire.

Chaque branche principale est double, je veux dire composée de deux branches simples enclavées l'une dans l'autre, et mobiles suivant leur longueur à la maniere des tiroirs. Voici comment ce mouvement peut s'opérer.

Chaque branche principale est creusée suivant toute sa longueur d'une rainure à queue d'aronde, c'est-à-dire d'un canal plus large vers le fond que vers les bords; une regle que je nomme *coulisse* en occupe la capacité, et peut y glisser suivant sa longueur.

Ainsi les deux branches principales se divisent en deux branches fixes qui tiennent ensemble par une charniere, et en deux coulisses qui peuvent glisser à frottement gras dans les rainures pratiquées aux branches fixes pour les recevoir.

Chaque branche fixe est graduée suivant la loi des sinus ou demi-cordes, et il en est de même de chaque coulisse; c'est-à-dire que les demi-cordes de tous les degrés depuis 1° jusqu'à 180° sont portées sur ZH depuis le centre Z de la charniere, qui est leur origine commune, jusqu'à l'extrémité H de ZH, où se termine la demi-corde de 180°; elles sont portées de même sur Z*h*,

(1) Cet instrument a déja été décrit, mais sommairement et sans figures, par le citoyen Delalande, dans son *Abrégé de Navigation*, en 1792, page 63; et comme il n'y avoit pas donné la démonstration de la formule du citoyen Lagrange, sur laquelle cet instrument est fondé, il y a suppléé dans la *Connoissance des temps de l'an IV* (1796), page 230. Sa démonstration est synthétique, et ne suppose que les formules qui sont dans la troisieme édition de son *Astronomie*, art. 3849 et 3947.

depuis leur origine commune Z jusqu'à l'extrémité *h*, où se termine la demi-corde de 180°.

Les mêmes demi-cordes sont portées sur la coulisse L*v*, depuis l'index L qui est leur origine commune, jusqu'à l'extrémité *v* de L*v* où se termine la demi-corde de 180°. Mais sur la branche S*u*, elles sont portées en sens contraire, c'est-à-dire que le point S est leur origine commune, et qu'elles sont portées vers *u* où se termine la demi-corde de 180°.

Pour distinguer l'une de l'autre, les branches fixes ainsi que les coulisses, je nommerai ZH la branche positive, S*u* la coulisse positive, Z*h* la branche négative, et L*v* la coulisse négative. La raison de ces dénominations est fondée sur ce que, si l'on prend un point quelconque *a* dans la partie *u*H commune à Z*h* et à S*u*, on aura évidemment $ZS = Za + Sa$: mais si l'on prend un point quelconque *b* dans la partie L*h* commune à Z*h* et à L*v*, on aura évidemment $ZL = Zb - Lb$.

L'une des branches secondaires H*h*, que je nomme la regle azimutale, parceque son plus fréquent usage est de donner la différence en azimut, tient à l'aide d'une charniere à l'extrémité H de la branche positive ZH, et passe dans une boîte qui tient à charniere à l'extrémité *h* de la branche négative Z*h*. Elle peut glisser dans cette boîte, et permet au compas de s'ouvrir ou de se fermer sans que l'extrémité *h* de la branche négative cesse de lui adhérer. Je nommerai *index azimutal* une ligne de foi tracée à cette extrémité *h*.

La regle H*h* prendra le nom de regle horaire, quand elle aura pour objet de donner l'heure du lieu ou l'angle horaire.

L'autre branche secondaire SL, que je nomme la regle des distances, tient à charniere à l'extrémité S de la coulisse positive S*u*, c'est-à-dire à l'origine de sa graduation : elle a deux mouvements ; un de translation, par lequel son origine S peut glisser le long de ZH, et sur son prolongement ; l'autre de rotation, par lequel elle peut tourner sur la charniere S, et peut aller toucher un index L, situé à l'extrémité L de la coulisse négative, ou plutôt à l'origine de sa graduation. Je nommerai cet index l'*index des distances*.

La regle azimutale et la regle des distances sont graduées, non pas, comme les premieres, suivant la loi des demi-cordes, mais selon la loi des cordes entieres ; c'est-à-dire que les cordes de tous les degrés, depuis 1° jusqu'à 180°, sont portées sur la regle azimutale, depuis le centre H de sa charniere, qui est leur origine commune, jusqu'à son extrémité x, où se termine la corde de 180°. Les mêmes cordes sont portées sur la regle des distances, depuis le centre S de sa charniere, qui est leur origine commune, jusqu'à son extrémité y, où se termine la corde de 180°.

Les sinus ou demi-cordes qui sont tracées sur les branches principales, et les cordes entieres qui sont marquées sur les branches secondaires, appartiennent à un même cercle, ou sont rapportées à un même rayon ZH ou Zh. Ainsi Hx et Sy doivent chacune avoir le double de la longueur de ZH. Mais on peut diminuer un peu cette longueur en se bornant à la corde de 120° ou de 130°.

La regle azimutale passe aussi dans une seconde boîte adhérente à la premiere par une vis de rappel qui sert à les approcher ou à les éloigner l'une de l'autre : mais la seconde boîte pouvant être fixée à la regle azimutale par le moyen d'une vis de pression; alors le jeu de la vis de rappel, en approchant ou en éloignant de la boîte fixée à la regle azimutale celle qui adhere à l'extrémité de la branche négative, procure un mouvement lent à cette branche, et fait varier l'angle Z d'une quantité aussi petite qu'on le desire.

Cet instrument est en outre garni de plusieurs micrometres qui ne sont point exprimés dans la figure. Leur objet est de subdiviser la graduation de maniere qu'on obtienne des résultats suffisamment approchés. Nous expliquerons plus bas le mécanisme et le jeu de ces micrometres : passons à l'usage de l'instrument.

La résolution des triangles sphériques roule sur six cas que voici :

1°. Connoissant les trois côtés, trouver un angle ;

2°. Connoissant les trois angles, trouver un côté ;

3°. Connoissant deux côtés et l'angle compris, trouver le troisieme côté et les deux autres angles ;

4°. Connoissant deux angles et le côté adjacent, trouver le troisieme angle et les deux autres côtés ;

5°. Connoissant deux côtés et l'angle opposé à l'un d'eux, trouver le troisieme côté et les deux autres angles ;

6°. Connoissant deux angles et le côté opposé à l'un d'eux, trouver le troisieme angle et les deux autres côtés.

L'instrument qui vient d'être décrit résout, tel qu'il est, les quatre premiers de ces six cas; et avec de légeres modifications qui ne roulent que sur l'addition de quelques regles de rechange, on peut en étendre l'usage sur les deux derniers cas, et par-là le rendre universel, ainsi que nous allons le voir.

PREMIER CAS.

Question première.

Connoissant les distances du soleil au zénith, de la lune au zénith, et du soleil à la lune, trouver l'angle au zénith.

A terre on observe les distances au zénith; mais à la mer on ne peut observer que les hauteurs des astres; ainsi, au lieu des distances au zénith, il est plus commode de mettre les hauteurs, ce qui change ainsi la question :

Connoissant la hauteur du soleil, celle de la lune, et la distance de ces deux astres, trouver l'angle au zénith, ou leur différence en azimut.

Solution.

1°. Faites convenir la somme des hauteurs comptée sur chaque branche fixe, avec leur différence comptée sur chaque coulisse; c'est-à-dire remarquez sur chaque branche fixe à quel point se termine la somme des hauteurs, et sur chaque coulisse à quel point se termine la différence des mêmes hauteurs; tirez ensuite les coulisses jusqu'à ce que ces deux points coïncident tant sur la branche positive que sur la négative: cela étant fait, 2°. ouvrez le compas en maintenant la regle des distances approchée de son index; ouvrez-le, dis-je, jusqu'à ce que cet index y termine la distance des deux astres; alors l'index azimutal montrera sur la regle azimutale la valeur d'un angle, qui sera l'angle au zénith ou la différence en azimut.

Observation.

Pour qu'on soit dispensé de prendre le supplément de la somme des hauteurs, les demi-cordes portées sur chaque branche fixe sont numérotées, non pas dans le sens de la graduation, depuis leur origine commune Z jusqu'aux extrémités H ou h de chaque branche, mais en sens contraire, c'est-à-dire depuis chaque extrémité H et h, où est placé 0°, jusqu'à l'origine commune Z, où est placé 180°. Quant aux coulisses et aux branches secondaires, elles sont numérotées dans le sens de leur graduation.

Démonstration (1).

Imaginons que le numéro $(h+h')$ qui exprime la somme des hauteurs, soit placé au point a, sur ZH, et au point b, sur Zh; que les coulisses soient disposées de manière que le numéro $(h'-h)$ qui exprime sur chacune d'elles la différence des mêmes hauteurs, coïncide avec le point a, sur ZH, et avec le point b, sur Zh: il est clair qu'on aura

$$Za = Zb = \tfrac{1}{2}\text{corde}(180° - h - h') = \sin.\left(90° - \tfrac{h+h'}{2}\right) = \cos.\tfrac{h+h'}{2},$$

$$Sa = Lb = \tfrac{1}{2}\text{corde}(h' - h) = \sin.\tfrac{h'-h}{2};$$

donc $ZS = Za + Sa = \cos.\frac{h+h'}{2} + \sin.\frac{h'-h}{2}$,

et $ZL = Zb - Lb = \cos.\frac{h+h'}{2} - \sin.\frac{h'-h}{2}$.

De plus, en désignant par d la distance des deux astres, on a évidemment $SL = \text{corde}(d) = 2\sin\frac{1}{2}d$.

Les trois côtés ZS, ZL et SL, formés par les deux branches principales du compas et par la règle des distances, ont donc (*corollaire I*) les valeurs qui conviennent aux côtés du triangle rectiligne ZSL pour que l'angle SZL soit égal à l'angle sphérique formé au zénith par les verticaux des deux astres; et, parceque l'échelle des cordes de la règle azimutale et de celle des distances a pour rayon ZH ou Zh, il est clair que l'angle HZh est donné par sa corde Hh.

Exemple.

Soient $h=10°$; $h'=50$; $d=84$; ce qui donne $h+h'=60°$; $h'-h=40$: cela posé, 1°. je fais convenir 60° comptés sur chaque branche fixe avec 40° comptés sur chaque coulisse; 2°. j'ouvre le compas jusqu'à ce que l'index des distances réponde

(1) Les lecteurs sont priés de ne lire les démonstrations qu'après la lecture des principes qui servent de base à ce compas.

à 84° sur la regle des distances : alors je vois que l'index azimutal répond sur la regle azimutale à 92° ½ à-peu-près.

On estime 5 minutes de plus avec le micrometre : le calcul donne 92° 34′ 47″,4 pour l'angle au zénith.

Question II.

Connoissant la latitude ou la hauteur du pôle, la hauteur du soleil, et la distance du soleil au pôle, trouver l'azimut du soleil.

Cette question ne differe de la précédente qu'en ce que l'un des trois points du ciel, que nous nommons ici *le pôle*, prend la place de celui que nous avons nommé *la lune* à la question précédente. Relisons donc la solution précédente, en prenant pour la somme des hauteurs ou leur différence la somme de la hauteur du pôle et de celle du soleil, ou leur différence, et la distance du soleil au pôle pour la distance des deux astres.

Question III.

Connoissant la latitude du lieu, la déclinaison du soleil, et sa distance au zénith, trouver l'angle horaire.

Solution.

La latitude d'un lieu est, comme on sait, la hauteur du zénith de ce lieu au-dessus du plan de l'équateur ; pareillement la déclinaison du soleil est la hauteur du soleil au-dessus ou au-dessous du même plan : ce qui fait deux cas.

Dans le premier, où la latitude et la déclinaison sont de même dénomination, c'est-à-dire où le soleil et le zénith sont vers un même pôle, l'équateur fait alors la fonction de l'horizon ; le pôle, du zénith ; et la question présente, qui revient encore à la premiere, fournit cette construction :

1°. Faites convenir la somme de la latitude et de la déclinaison, comptée sur chaque branche fixe, avec leur différence comptée sur chaque coulisse ;

2°. Ouvrez le compas jusqu'à ce que l'index des distances réponde sur la regle des distances à la distance du soleil au zénith ; alors l'index azimutal déterminera l'angle horaire sur la regle azimutale, qui devient ici une équatoriale.

Exemple.

Soient la latitude boréale,	37°	18′	30″
la déclinaison boréale,	12	25	10
la distance du soleil au zénith,	64	27	0
latitude + déclinaison,	49	43	40
latitude — déclinaison,	24	53	20

Je fais convenir la somme 49° 43′ 40″, comptée sur chaque branche fixe, avec la différence 24° 53′ 20″, comptée sur chaque coulisse; j'ouvre le compas jusqu'à ce que l'index des distances réponde à 64° 27′ 0″ sur la regle des distances; alors je vois que l'index azimutal répond sur la regle de même nom à 67° $\frac{1}{5}$ à-peu-près: le calcul donne 67° 12′ 21″ pour l'angle horaire.

Dans le second cas, où la latitude et la déclinaison sont de dénomination différente, c'est-à-dire l'une australe et l'autre boréale, procédez comme il suit:

Faites convenir la différence de la latitude et de la déclinaison, comptée sur chaque branche fixe, avec leur somme comptée sur chaque coulisse; ouvrez le compas jusqu'à ce que l'index des distances réponde sur la regle de même nom à la distance du soleil au zénith: alors l'index azimutal déterminera l'angle horaire sur la regle azimutale.

Démonstration.

Suivant ce procédé, on fait

$Za = Zb = \cos. \frac{h'-h}{2}$; $Sa = Lb = \sin. \frac{h'+h}{2}$; $SL = 2 \sin. \frac{1}{2} d$;

donc $ZS = \cos. \frac{h'-h}{2} + \sin. \frac{h'+h}{2}$; $ZL = \cos. \frac{h'-h}{2} - \sin. \frac{h'+h}{2}$;

donc *(corollaire II)* l'angle formé par les branches principales du compas est l'angle demandé; et cet angle est donné sur la regle azimutale par sa corde H h.

Exemple.

Soient la latitude boréale,	39°	13′	40″
la déclinaison australe,	9	57	40
la distance du soleil au zénith,	62	14	0
Somme de la latitude et de la déclinaison,	49	11	20
Différ. de la latitude et de la déclinaison,	29	16	0

Je fais convenir la différence 29° 16′ 0″, comptée sur chaque branche fixe, avec la somme 49° 11′ 20″, comptée sur chaque coulisse ; j'ouvre le compas jusqu'à ce que l'index des distances réponde à 62° 14′ 0″ sur la regle des distances ; alors je vois que l'index azimutal répond sur la regle de même nom à 41° 4′ à-peu-près. Le calcul donne 41° 3′ 46″ pour l'angle horaire.

DEUXIEME CAS.

Connoissant les trois angles d'un triangle sphérique, trouver un côté.

En faisant usage du triangle supplémentaire (336), ce second cas se ramene au premier.

TROISIEME CAS.

Connoissant deux côtés et l'angle compris, trouver le troisieme côté.

Que ces côtés donnés soient les distances au zénith de deux astres ; l'angle compris, l'angle au zénith, et le côté cherché, la distance des deux astres ; en substituant aux distances au zénith les hauteurs des deux astres, la question se change ainsi :

QUESTION PREMIERE.

Connoissant les hauteurs de deux astres, et leur différence en azimut, trouver leur distance.

Solution.

Faites convenir la somme des hauteurs comptée sur chaque branche fixe, avec leur différence comptée sur chaque coulisse ; ouvrez le compas jusqu'à ce que l'index azimutal réponde à la différence en azimut comptée sur la regle azimutale ; approchez la regle des distances de son index, il y répondra à la distance des deux astres.

Démonstration.

Suivant ce procédé l'on fait $ZS = \cos.\frac{h+h'}{2} + \sin.\frac{h'-h}{2}$;

$ZL = \cos. \frac{h+h'}{2} - \sin. \frac{h-h'}{2}$; et $Hh' = 2 \sin. \frac{1}{2} Z$: on doit donc avoir $SL = 2 \sin. \frac{1}{2} d$.

Exemple.

Soient	la hauteur du soleil,	9°	54′	50″
	la hauteur de la lune,	50	36	30
	la différence en azimuth,	92	34	47
	Somme des hauteurs,	60	31	20
	Différence des hauteurs,	40	41	40

Je fais convenir 60° 31′ 10″, comptés sur chaque branche fixe, avec 40° 41′ 40″, comptés sur chaque coulisse ; j'ouvre le compas jusqu'à ce que l'index azimutal réponde à 92° 34′ 47″, comptés sur la regle azimutale : j'approche la regle des distances de son index ; je vois qu'il y répond à 83° 58′ à-peu-près. Le calcul donne 40″ de plus.

Comme il est difficile d'évaluer les secondes sur l'instrument, on les néglige quand elles sont moindres que 30″ ; mais quand elles s'élevent à plus de 30″, on compte une minute de plus.

Question II.

Connoissant les latitudes de deux villes, et leur différence en longitude, trouver leur distance à vol d'oiseau.

Solution.

Si les latitudes sont de même dénomination, opérez comme il vient d'être dit dans la solution de la question précédente, en y changeant ces mots *hauteurs*, *azimut*, *astres*, en ceux-ci, *latitudes*, *longitudes*, *villes* : mais si elles sont de dénomination différente, opérez comme il suit :

Faites convenir la différence des latitudes comptée sur chaque branche fixe avec leur somme comptée sur chaque coulisse ; ouvrez le compas jusqu'à ce que l'index azimutal réponde à la différence en longitude comptée sur la regle azimutale ; approchez la regle des distances de son index, il y répondra à la distance des deux villes.

Démonstration.

Soient h et h' les latitudes, et Z la différence en longitude : suivant le procédé indiqué l'on fait $ZS = \cos. \frac{h'-h}{2} + \sin. \frac{h'+h}{2}$; $ZL = \cos. \frac{h'-h}{2} - \sin. \frac{h'+h}{2}$; $Hh = 2 \sin. \frac{1}{2} Z$: on doit donc avoir *(corollaire II)* $SL = 2 \sin. \frac{1}{2} d$.

Exemple.

Soient la latitude de Paris,	48°	50′	10″	N.
celle du cap de Bonne-Espérance,	33	55	10	S.
leur différence en longitude Z,	16	3	40	
Différence des latitudes $h' - h$,	14	55	0	
Somme des latitudes $h' + h$,	82	45	20	

Je fais convenir 14° 55′, comptés sur chaque branche fixe, avec 82° 45′, comptés sur chaque coulisse ; j'ouvre le compas jusqu'à ce que l'index azimutal réponde sur la regle de même nom, à 16° 4′ ; j'approche la regle des distances de son index ; il y répond à 76° ½ à-peu-près. Le calcul donne 76° 31′ 30″ pour la distance de Paris au cap de Bonne-Espérance.

Question III.

Connoissant deux côtés et l'angle compris, trouver les deux autres angles.

Solution.

Déterminez le troisieme côté comme aux deux questions précédentes ; cela étant fait et les trois côtés étant connus, la question est ramenée au premier cas. Vous pourrez donc, comme au premier cas, déterminer celui des deux angles que vous voudrez.

QUATRIEME CAS.

Connoissant deux angles et le côté adjacent, trouver le troisième angle ou l'un des deux autres côtés.

En faisant usage du triangle supplémentaire on ramene ce cas au précédent.

CINQUIEME CAS.

Connoissant deux côtés et l'angle opposé à l'un de ces côtés, trouver, 1°. l'angle opposé à l'autre côté connu, 2°. le troisieme angle, 3°. le troisieme côté.

Observation.

Nous avons déja remarqué que l'instrument dont il est ici question a besoin de légeres modifications pour résoudre ce cinquieme cas et le suivant. Voyons quelles peuvent être ces modifications.

Soient A, B, C les trois côtés d'un triangle sphérique; *a, b, c* les angles opposés à ces côtés :

1°. Connoissant le côté A, le côté B, et l'angle *a* opposé au côté A, on trouve, comme on sait, l'angle *b* opposé à B par cette analogie : sin. A : sin. B :: sin. *a* : sin. *b*. En supprimant par la pensée les deux coulisses et les branches secondaires, l'instrument, réduit à n'avoir plus que ses deux branches fixes, devient un compas de proportion ordinaire qui peut donner sin. *b* de cette maniere. Ayant pris avec un compas ordinaire la valeur de sin. *a*, sur l'une des deux branches de l'instrument qui donnent les demi-cordes ou les sinus, ouvrez l'instrument jusqu'à ce que l'une des pointes du compas étant posée sur l'une des branches de l'instrument au point où se termine sin. A, l'autre pointe aboutisse au point où se termine sin. A sur l'autre branche de l'instrument. Cela étant fait, prenez avec un compas ordinaire la distance des points où se termine sin. B sur l'une et l'autre branche : elle sera la valeur de sin. *b*; ce qui est évident.

Connoissant A, B, *a* et *b*, pour trouver C et *c*, on fera usage de ces deux analogies très connues, que nous devons au très célebre Néper.

$$\text{sin.} \frac{a-b}{2} : \text{sin.} \frac{a+b}{2} :: \text{tang.} \frac{A-B}{2} : \text{tang.} \tfrac{1}{2} C;$$

$$\text{sin.} \frac{A-B}{2} : \text{sin.} \frac{A+B}{2} :: \text{tang.} \frac{a-b}{2} : \text{cot.} \tfrac{1}{2} c.$$

Nous supposons $a > b$, et partant $A > B$; si le contraire avoit lieu, il faudroit écrire dans les analogies précédentes $b-a$ au lieu de $a-b$, et B—A au lieu de A—B.

Pour faire usage de ces analogies il suffit d'avoir une échelle des tangentes rapportée au même rayon que l'échelle des sinus de l'instrument: on s'en servira comme il suit:

Prenez avec un compas ordinaire sur l'échelle des tangentes la valeur de tang. $\frac{A-B}{2}$, puis ayant posé l'une des pointes du compas au point où se termine sin. $\frac{a-b}{2}$ sur l'une des branches de l'instrument ; ouvrez cet instrument jusqu'à ce que l'autre pointe tombe au point où se termine sin. $\frac{a-b}{2}$ sur l'autre branche ; prenez la distance des points où se termine sin. $\frac{a+b}{2}$ sur l'une et l'autre branche : elle exprimera la tangente de $\frac{1}{2}$ C : portant enfin cette distance sur l'échelle des tangentes, on y verra le nombre de degrés du demi-côté C, et partant du coté C.

En faisant de même usage de la seconde analogie, on déterminera l'angle *c*.

On pourroit adapter aux branches fixes de l'instrument deux branches de rechange, susceptibles de prendre les mêmes positions, d'avoir les mêmes mouvements que la regle des distances ; elles porteroient chacune une échelle des sinus d'un même rayon que l'échelle des branches fixes ; deux autres regles de rechange susceptibles des mêmes mouvements, mais portant chacune une échelle des tangentes subordonnées au même rayon, pourroient leur être substituées au besoin. Par-là on seroit dispensé de faire usage du compas ordinaire, usage qui ne donne qu'une estime trop incertaine. Je ne donnerai pas plus d'extension à ces idées ; mon but n'est que de faire voir qu'avec de très légeres modifications, l'instrument en question étend ses usages à tous les cas de la résolution des triangles sphériques ; ce qui ne va pas tarder à être démontré.

SIXIEME CAS.

Deux angles et le côté opposé à l'un d'eux étant donnés, trouver, 1°. *le côté opposé à l'autre angle connu,* 2°. *le troisieme angle,* 3°. *le troisieme côté.*

Soient *a* et *b* les deux angles donnés, et A le côté opposé à *a*, on aura d'abord le côté B opposé à l'angle *b*, en construisant sur l'instrument la proportion suivante :

sin. *a* : sin. *b* :: sin. A : sin. B.

Le côté B étant connu, la question présente est ramenée au cas précédent, où l'on connoît deux côtés et les angles qui leur sont opposés. Il ne reste plus qu'à construire sur l'instrument les deux analogies de Néper, dont nous avons indiqué l'usage au cas précédent : elles donneront le troisieme angle et le troisieme côté.

Concluons de-là qu'avec de très légeres modifications, l'instrument construit par Richer, selon les principes du citoyen Lagrange, étend ses usages à tous les cas de la résolution des triangles sphériques. Passons à la solution du problême qui a provoqué la naissance de cet instrument.

Problême.

Connoissant la distance apparente de deux astres, leurs hauteurs apparentes et leurs hauteurs vraies, trouver leur distance vraie.

Solution.

1°. A l'aide de la distance apparente et des deux hauteurs apparentes, déterminez l'angle au zénith *(premier cas, question premiere)*, 2°. à l'aide de l'angle au zénith et des hauteurs vraies, déterminez la distance des deux astres *(troisieme cas, question premiere)*, et vous aurez leur distance vraie.

Il n'est pas nécessaire de déterminer le nombre de degrés de l'angle au zénith ; il suffit de le rendre invariable en serrant la vis de pression. Enfin la solution du problême proposé se réduit au procédé suivant.

Faites convenir la somme des hauteurs apparentes, comptée sur chaque branche fixe, avec leur différence comptée sur chaque coulisse ; ouvrez le compas jusqu'à ce que l'index des distances marque sur la regle de même nom la distance apparente des deux astres ; fixez l'angle azimutal ; faites convenir la somme des hauteurs vraies, comptée sur chaque branche fixe, avec leur différence comptée sur chaque coulisse ; approchez la regle des distances de son index ; il y déterminera la distance vraie.

Exemple premier.

Soient dist. appar. ☉ ☾ 84° 0′ 0″

Haut. app. ☉	10°	0′	0″ ;	Haut. vraie ☉	9°	54′	50″
Haut. app. ☾	50	0	0 ;	Haut. vraie ☾	50	36	30
Somme,	60	0	0	Somme,	60	31	20
Différence,	40	0	0	Différence,	40	41	40

L'exemple de la question premiere *(premier cas)* où l'on a dist. ☉ ☾ = 84°; haut. ☉ = 10°; haut. ☾ = 50°, donne Z = 92° 34′ 47″, ou simplement Z = 92° 35′.

L'exemple de la question premiere *(troisieme cas)*, où l'on a Z = 92° 34′ 47″; haut. ☉ = 9° 54′ 50″; haut. ☾ = 50° 36′ 30″, donne dist. ☉ ☾ = 83° 58′ 40″; c'est la distance vraie.

Exemple II.

Soient dist. appar. ☉ ☾ = 78° 44′ 0″

Haut. app. ☉	8°	30′	0″;	Haut. vraie ☉	8	24	0
Haut. app. ☾	35	40	0;	Haut. vraie ☾	36	25	0
Somme,	44	10	0	Somme,	44	49	0
Différence,	27	10	0	Différence,	28	1	0

Je fais convenir 44° 10′, comptés sur chaque branche fixe, avec 27° 10′ comptés sur chaque coulisse; j'ouvre le compas jusqu'à ce que l'index des distances réponde à 78° 44′ sur la regle de même nom; je fixe l'angle azimutal; je fais convenir 44° 49′, comptés sur chaque branche fixe, avec 28° 1′ comptés sur chaque coulisse; j'approche la regle des distances de son index; il y répond à 78° ¾, ou 78° 45′; c'est à-peu-près la distance vraie: le calcul donne 38″ de plus.

Exemple III.

Soient dist. appar. ☉ ☾ 116° 39′ 43″

Haut. app. ☉	=	18°	52′	50″;	Haut. vraie ☉	18°	50′	20″
Haut. app. ☾	=	44	27	10;	Haut. vraie ☾	45	6	52
Somme,		63	20	0	Somme,	63	57	12
Différence,		25	34	20	Différence,	26	16	32

Je fais convenir 63° 20′, comptés sur chaque branche fixe, avec 25° 34′ comptés sur chaque coulisse; j'ouvre le compas jusqu'à ce que l'index des distances réponde à 116° 40′ sur la regle de même nom; je fixe l'angle azimutal; je fais convenir 63° 57′, comptés sur chaque branche fixe, avec 26° 16′ ½ comptés sur chaque coulisse; j'approche la regle des distances de son index: il y répond à 116° plus une très petite fraction, qu'il est difficile d'évaluer, parce qu'à cet endroit les divisions sont très resserrées.

Dans cet exemple, qui est celui que donne le citoyen Borda dans la description de son cercle de réflexion, page 62, l'angle azimutal est si ouvert que les deux branches du compas paroissent ne former qu'une ligne droite avec laquelle se confondent la regle azimutale et celle des distances. Dans ce cas il est inutile d'avoir recours à l'instrument du citoyen Lagrange ou à la méthode du citoyen Borda pour corriger la distance; on peut s'y prendre ainsi : Faites une somme des hauteurs apparentes et une somme des hauteurs vraies; ôtez la premiere de la seconde, vous aurez un reste; ôtez ce reste de la distance apparente, et vous aurez la distance vraie.

Dans cet exemple j'ôte 63° 20′ 0″ de 63° 57′ 12″; j'ai pour reste 37′ 12″; j'ôte ce reste de 116° 39′ 43″; il me vient 116° 2′ 31″ pour la distance vraie. Le citoyen Borda est arrivé au même résultat. Ce procédé n'est applicable que dans les cas très rares où les verticaux des deux astres forment un angle très aigu ou très obtus.

Exemple IV.

Soient dist. app. ☉ ☾ 108° 42′ 03″

Haut. app. ☉	6°	27′	34″;	Haut. vraie ☉	6°	20′	01″
Haut. app. ☾	54	11	57;	Haut. vraie ☾	54	43	39
Somme,	60	39	31;	Somme,	61	3	40
Différence,	47	44	23;	Différence,	48	23	38

Je fais convenir 60° 39′½, comptés sur chaque branche fixe, avec 47° 44′⅓ comptés sur chaque coulisse; j'ouvre le compas jusqu'à ce que l'index des distances réponde à 108° 42′ sur la regle de même nom; je fixe l'angle azimutal; je fais convenir 61° 4′, comptés sur chaque branche fixe, avec 48° 24′ comptés sur chaque coulisse; j'approche la regle des distances de son index; il y répond à 108°½ à-peu-près. Le calcul donne pour la distance vraie 108° 27′ 32″.

Quand la distance des deux astres passe 100°, on est obligé, pour corriger cette distance, de faire usage de la partie de la regle des distances où les divisions étant plus resserrées, les parties de degré sont moins faciles à évaluer. Voyons si, dans ces circonstances, il est un procédé plus commode.

Soient (*fig.* 4) ZS la distance du soleil au zénith ; ZL la distance de la lune au zénith ; SL la distance du soleil à la lune ; SZL l'angle au zénith ; ZSL l'angle au soleil, et ZLS l'angle à la lune : il est clair que le triangle sphérique ZSL peut être résolu par le moyen de son contigu ZS′L, dont toutes les parties sont ou les équivalents ou les suppléments des parties du triangle ZSL. En effet on a évidemment :

$ZL = ZL$; $ZS' = 180° - ZS$; $LS' = 180° - LS$.
$LZS' = 180° - LZS$; $ZLS' = 180° - ZLS$; $ZS'L = ZSL$.

Cela posé, soient h la hauteur du soleil, h' la hauteur de la lune, et d leur distance ; on aura dans le triangle ZSL, $ZS = 90° - h$; $ZL = 90° - h'$; $SL = d$; et dans le triangle ZS′L on aura $ZS' = 90° + h$; $ZL = 90° - h'$; $LS' = 180° - d = d'$.

Les branches de l'instrument doivent donc être disposées (*corollaire II*) de maniere qu'on ait d'abord

$$ZS = \cos.\tfrac{H'-H}{2} + \sin.\tfrac{H'+H}{2}\,;\; ZL = \cos.\tfrac{H'-H}{2} - \sin.\tfrac{H'+H}{2},$$

et $LS = 2\sin.\tfrac{1}{2}(180° - D)$.
(H, H′ et D sont les hauteurs et la distance apparentes.)

Ensuite, l'angle azimutal étant fixe, on tirera les coulisses de maniere qu'on ait

$$ZS = \cos.\tfrac{h'-h}{2} + \sin.\tfrac{h'+h}{2}\,;\; ZL = \cos.\tfrac{h'-h}{2} - \sin.\tfrac{h'+h}{2}.$$

Approchant la regle des distances de son index, il y marquera $SL = 2\sin.\tfrac{1}{2}(180° - d)$.
(h, h' et d sont les hauteurs et la distance vraies.)

On pourra donc, toutes les fois que la distance apparente surpassera 100°, procéder comme il suit à la correction de cette distance.

Faites convenir la différence des hauteurs apparentes, comptée sur chaque branche fixe, avec leur somme comptée sur chaque coulisse ; ouvrez le compas jusqu'à ce que l'index des distances réponde sur la regle de même nom au supplément de la distance apparente des deux astres ; fixez l'angle azimutal ; faites convenir la différence des hauteurs vraies, comptée sur chaque branche fixe, avec leur somme comptée sur chaque coulisse ; approchez la regle des distances de son index : il y répondra au supplément de la distance vraie.

Ainsi, dans l'exemple 4, je fais convenir 47° 44′ ⅓, comptés sur chaque branche fixe, avec 60° 39′ ½ comptés sur chaque coulisse ; j'ouvre le compas jusqu'à ce que l'index des distances réponde sur la regle de même nom à 71° 18′, supplément de 108° 42′; je fixe l'angle azimutal; je fais convenir 48° 23′ $\frac{2}{3}$, comptés sur chaque branche fixe, avec 61° 3′ $\frac{2}{3}$, comptés sur chaque coulisse; j'approche la regle des distances de son index: il y répond à 71° 32′; c'est le supplément de 108° 28′.

Exemple V.

Soient dist. app. ☉ ☾ 129° 28′ Supplément 50° 32′

Haut. app. ☉	2°	50′;	Haut. vraie ☉	2°	35′
Haut. app. ☾	10	27;	Haut. vraie ☾	11	19
Différence,	7	37;	Différence,	8	44
Somme,	13	17;	Somme,	13	54

Je fais convenir 7° 37′, comptés sur chaque branche fixe, avec 13° 17′ comptés sur chaque coulisse; j'ouvre le compas jusqu'à ce que l'index des distances réponde sur la regle de même nom à 50° 32′: je fixe l'angle azimutal.

Je fais convenir 8° 44′, comptés sur chaque branche fixe, avec 13° 54′ comptés sur chaque coulisse; j'approche la regle des distances de son index; il y répond à 50° 39′; c'est le supplément de 129° 21′. Le calcul donne pour la distance vraie 129° 20′ 47″.

Les exemples qui précedent sont plus que suffisants pour mettre les marins au fait des principaux usages de cet instrument, et le lecteur en droit de conclure que l'application en est préférable à toutes les méthodes graphiques imaginées jusqu'à présent pour suppléer au calcul.

Le citoyen Borda a imaginé un moyen de rendre l'instrument du citoyen Lagrange autant exact dans ses usages que si les dimensions de cet instrument étoient plus que décuplées. Voici en quoi consiste la méthode du citoyen Borda.

1°. Corrigez la hauteur apparente du soleil et celle de la lune comme si la correction qui convient à l'une et celle qui convient à l'autre étoient chacune un certain multiple de sa véritable valeur; c'est-à-dire qu'en désignant par $-p$ et $+kp$ les corrections qui conviennent à H et à H′, faites les corrections comme si $-p$ devenoit $-p \times (m+1)$, et comme si kp devenoit $kp \times (m+1)$: vous aurez deux résultats que je nomme premieres hauteurs simulées.

2°. Corrigez de nouveau les hauteurs apparentes en substituant $+p \times m$ à $-p$, et $-kp \times m$ à kp; vous aurez deux nouveaux résultats que je nomme secondes hauteurs simulées.

3°. Avec la distance et les hauteurs apparentes, et les premieres hauteurs simulées considérées comme des hauteurs vraies, cherchez au moyen de l'instrument une premiere distance corrigée ou plutôt simulée.

4°. Cherchez de même une seconde distance simulée en faisant usage des secondes hauteurs simulées et des autres données.

5°. Prenez la différence des deux distances simulées, et divisez-la par $2m+1$; le quotient sera la correction qu'il convient d'appliquer à la distance apparente pour avoir la distance vraie.

En effet, soient
$$x = D - d$$
$$p = h - H$$
$$kp = H' - h;$$
D est la distance apparente des deux astres, H la hauteur apparente de la lune, H' la hauteur apparente de l'autre astre; h et h' sont respectivement leurs hauteurs vraies. La correction cherchée x peut être donnée par une suite qui marche suivant les puissances de p; c'est-à-dire qu'on peut poser l'équation suivante:

$$x = Ap + Bp^2 + Cp^3 + \text{etc.}$$

p étant un très petit arc, la suite précédente devient assez convergente pour qu'on se contente des deux premiers termes, et qu'on pose $x = Ap + Bp^2$.

Soient x x' x'' les valeurs de x correspondantes à p p' p'', valeurs de p, de maniere qu'on ait
$$x' = Ap' + Bp'^2,$$
$$x'' = Ap'' + Bp''^2;$$

que les relations de p' et p'' à p soient de plus données par les équations
$p' = (m+1) \times p$, et $p'' = -mp$; on aura
$$x' = Amp + Ap + Bm^2p^2 + 2Bmp^2 + Bp^2,$$
$$x'' = -Amp + Bm^2p^2,$$
$$x' - x'' = 2Amp + Ap + 2Bmp^2 + Bp^2 = (2m+1).(Ap + Bp^2);$$
or $Ap + Bp^2 = x$; donc $x' - x'' = (2m+1) \times x$,

ou $x = \frac{x' - x''}{2m+1}$.

A mesure que m augmente, la rapidité des séries qui donnent x' et x'' diminue. Il est donc un terme passé lequel on perdroit les avantages de cette méthode. En faisant $m = 5$, l'erreur ne s'éleve qu'à une seconde au plus (je m'en suis assuré par le calcul). Soit donc $m=5$, on aura $m+1=6$, et $2m+1=11$; ce qui fournit la regle suivante :

1°. Corrigez les hauteurs apparentes en y appliquant une correction sextuple de la vraie, vous aurez deux premieres hauteurs simulées, qui, traitées comme si elles étoient les hauteurs vraies, vous feront trouver sur l'instrument et avec les autres données une premiere distance simulée que je nomme $D+x'$.

2°. Corrigez de nouveau les mêmes hauteurs apparentes en y appliquant une correction négativement quintuple de la vraie, c'est-à-dire qu'après avoir quintuplé, vous ferez chaque correction en sens contraire, en ajoutant le quintuple de celle qui devroit être ôtée, et ôtant le quintuple de celle qui devroit être ajoutée: vous aurez deux hauteurs simulées ou fictivement vraies, qui vous serviront à trouver, comme ci-dessus, une seconde distance simulée que je nomme $D+x''$.

3°. Le onzieme de la différence des distances simulées sera la valeur de x ; vous aurez donc

$$x=\frac{D+x'-D-x''}{11}=\frac{x'-x''}{11}.$$

Exemple.

Soient, comme au type du calcul de la formule L,

$D = 102° 30' 0''$; $H = 27° 30' 0''$; $H' = 15° 25' 0''$;
$h = 28° 18' 47''$; $h' = 15° 21' 43''$: par conséquent,

$p = 0° 48' 47''$; $kp = -(0° 3' 17'')$;
$6p = 4° 52' 42''$; $6kp = -(0° 19' 42'')$;
$h'' = 32° 22' 42''$; $h''' = 15° 5' 18''$;
$-5p = -(4° 3' 55''$; $-5kp = 0° 16' 25''$;
$h^{iv} = 23° 26' 5''$; $h^{v} = 15° 41' 25''$;

On trouve au moyen de l'instrument, les données étant D, H, H', h'' et h''', et sans le secours du micrometre, $d' = 100° 40' 0''$.

Les données étant D, H, H' h^{iv} et h^{v}, on trouve de même $d'' = 104° 0' 0''$:

donc $\frac{d'-d''}{11} = -\frac{3° 20' 0''}{11} = -0° 18' 12'' = x$;

donc $d = D + x = 102° 11' 48''$. L'erreur est de 37''.

Mais en faisant usage du micrometre, on trouve $d' = 100° 36' 0''$; $d'' = 104° 3' 0''$;

donc $x = \frac{d'-d''}{11} = -\frac{3° 27' 0''}{11} = -0° 18' 49''$;

donc $d = D + x = 102° 11' 11''$, comme le donne le calcul.

Cette précision n'a pas toujours lieu. Celle-ci résulte d'une compensation d'erreur; mais quand cette compensation n'existe pas, l'erreur ne monte guere qu'à cinq ou six secondes.

En faisant $m = 7$, ce qui donne $p' = 8p$; $kp = 8kp$;

$p'' = -7p$; $kp'' = -7kp$, et $x = \frac{x' - x''}{15}$;

l'erreur ne monte guere qu'à une seconde.

En faisant $m = 12$, ce qui donne $p' = 13p$; $kp' = 13kp$,

$p'' = -12p$; $kp'' = -12kp$; et $x = \frac{x' - x''}{25}$,

l'erreur occasionnée par les termes qu'on néglige ne monte qu'à 3'' (je m'en suis assuré par le calcul.)

L'erreur augmente à mesure que m devient plus grand; de maniere que, quand on fait $m = 18$, elle est de 6'', et que, quand on fait $m = 24$, elle monte à 15'', etc. Il est donc un terme passé lequel on perd d'un côté ce qu'on gagne de l'autre. Le nombre 12 paroît être ce terme; c'est-à-dire qu'en faisant $m = 12$, on divise par 25 l'erreur de l'instrument. Ainsi cette erreur étant de 2', sans le secours de la méthode en question; en l'employant on pousse l'approximation jusqu'à 5'', et jusqu'à 2'', 4, si l'erreur de l'instrument n'est que d'une minute. Pour obtenir cette précision il faut opérer comme il suit:

Cherchez une premiere distance simulée, comme si les corrections des hauteurs valoient 13 fois autant qu'elles valent.

Cherchez une seconde distance simulée, comme si les corrections des hauteurs, prises avec des signes contraires, étoient duodécuples de leur valeur: ôtez la seconde de la premiere, et divisez le reste par 25; vous aurez la correction de la distance.

On évalue sur l'instrument les quarts de degrés à la vue *inerme;* on peut donc par cette méthode n'avoir qu'une demi-minute d'erreur, et beaucoup moins si la vue est armée d'une simple loupe.

Cet instrument sert aussi à trouver la latitude par le moyen de deux observations des hauteurs d'un même astre, faites hors du méridien et à des heures connues, ou par l'observation simultanée des hauteurs et de la distance de deux astres.

Soient *(fig 7)* P le pôle élevé, Z le zénith, S le soleil, L la lune, PZ la distance du pôle au zénith (c'est le complément de la latitude), SL la distance vraie du soleil à la lune, déduite de l'observation et de la correction faite par l'instrument ou le calcul; ZS et ZL les distances au zénith des deux astres, déduites de leurs hauteurs observées et corrigées; PS et PL les distances polaires des mêmes astres, déduites de leurs déclinaisons données par la *Connoissance des temps*. Cela posé,

Dans les deux triangles ZSL, PSL, on connoît les trois côtés; on pourra donc, comme au premier cas de la résolution des triangles sphériques, trouver avec l'instrument un angle dans chacun de ces triangles. Soient ZSL et PSL ces angles ainsi déterminés, leur différence ZSP sera bientôt connue, et l'on déterminera, comme au troisieme cas, le côté PZ du triangle PSZ dont on connoît deux côtés PS, ZS, et l'angle compris PSZ. Le complément de PZ sera la latitude.

S'il s'agit d'un même astre observé à deux heures connues, la différence de ces heures réduite en degrés donnera l'angle SPL; alors, à l'aide de l'instrument, on déterminera d'abord, comme au troisieme cas, la distance ZL des lieux occupés par le même astre au moment de chaque observation. Cette distance étant connue, le reste s'achevera comme ci-dessus. Voyez, pour le calcul de la latitude, la *Description du cercle de réflexion du citoyen Borda*.

L'usage de cet instrument peut, au besoin, suppléer au calcul; mais il ne doit pas en tenir lieu; il doit au contraire marcher de front avec l'emploi de la méthode du citoyen Borda, et donner à très peu près les mêmes résultats. Ainsi la distance de deux astres étant corrigée suivant la méthode de Borda, au lieu de refaire un nouveau calcul pour s'assurer de l'exactitude du premier, on pourra appliquer l'instrument à la vérification du calcul déja fait. Si les résultats donnés par le calcul et par l'instrument sont à peu de chose près les mêmes, on sera assuré que l'erreur du calcul, s'il y en a, ne peut rouler que sur quelques secondes: or de telles erreurs ne sont nullement dangereuses. Mais si cette identité de résultats n'avoit pas lieu, il y auroit dans le calcul une faute capitale qu'il faudroit corriger, soit en recommençant le même calcul, soit en y appliquant l'une des trois autres formules qui remplissent le même objet.

Une objection qu'on pourroit faire contre l'usage de l'instrument dont il s'agit c'est que la plupart des marins, qui préferent les manœuvres aux méditations s'en tiendront aux seules pratiques de cet instrument, et abandonneront totalement celle du calcul. Si cela arrivoit, cet instrument, quelque précieux qu'il soit, employé comme vérificateur, deviendroit un moyen bien dangereux par l'emploi qu'on en feroit exclusivement à tout autre. Mais ne peut-on pas prévenir un tel abus? ne peut-on pas tenir la main à ce que, dans les voyages de long cours, les capitaines de navires emploient la méthode de Borda? Chacun d'eux fait ou doit faire un journal contenant les circonstances de sa navigation : ne peut-il pas être tenu, à son arrivée dans un des ports de la république, de déposer ce journal entre les mains d'un examinateur chargé d'en rendre compte? (Nous avons dans presque tous nos ports des professeurs de mathématiques et d'hydrographie capables de remplir cette fonction). Une loi, s'il le faut, peut être rendue à cet égard; et cette loi, bien circonstanciée, rendroit de grands services à la marine et au commerce.

DESCRIPTION ET USAGE

DU COMPAS TRIGONOMÉTRIQUE.

Démonstration des formules qui servent de base à la construction du compas trigonométrique.

Après avoir donné la description et les usages de cet instrument, nous allons en exposer la théorie pour ne rien laisser à desirer aux navigateurs qui aiment à se rendre raison de leurs opérations.

AVERTISSEMENT.

Pour être à la portée d'un plus grand nombre de lecteurs, je vais mettre en avant quelques propositions très connues, mais peu familieres à ceux qui, comme la plupart des marins, ne savent de géométrie que celle de Bezout, et d'algebre que la partie la plus élémentaire de celle du même auteur.

Les nombres arabes qu'on trouvera en parenthese indiquent les numéros des paragraphes de la géométrie de Bezout.

PROPOSITIONS 1, 2, 3 ET 4, etc.

Soient a et b deux angles, et 1 le rayon; on a

1ere. $\sin.(a+b)=\sin.a\cos.b+\cos.a\sin.b$ } (284.)
2e. $\sin.(a-b)=\sin.a\cos.b-\cos.a\sin.b.$ }
3e. $\cos.(a+b)=\cos.a\cos.b-\sin.a\sin.b.$ } (285.)
4e. $\cos.(a-b)=\cos.a\cos.b+\sin.a\sin.b.$ }

En combinant par voie d'addition et de soustraction les propositions 1 et 2, ainsi que les 3 et 4, on a

5e. $\sin.(a+b)+\sin.(a-b)=2\sin.a\cos.b.$
6e. $\sin.(a+b)-\sin.(a-b)=2\cos.a\sin.b.$
7e. $\cos.(a-b)+\cos.(a+b)=2\cos.a\cos.b.$
8e. $\cos.(a-b)-\cos.(a+b)=2\sin.a\sin.b.$

Soient $a+b=d$, et $a-b=s-l$; on a
$a=\frac{1}{2}(d+s-l)$; $b=\frac{1}{2}(d+l-s)$, et

9e. $\sin.d+\sin.(s-l)=2\sin.\frac{1}{2}(d+s-l).\cos.\frac{1}{2}(d+l-s).$
10e. $\sin.d-\sin.(s-l)=2\sin.\frac{1}{2}(d+l-s)\cos.\frac{1}{2}(d+s-l).$

11^e^. $\cos.(s-l)+\cos.d=2\cos.\frac{1}{2}(d+s-l)\cos.\frac{1}{2}(d+l-s)$.
12^e^. $\cos.(s-l)-\cos.d=2\sin.\frac{1}{2}(d+s-l)\sin.\frac{1}{2}(d+l-s)$.

Soient $a+b=s+l$ et $a-b=d$; on a
$a=\frac{1}{2}(s+l+d)$; $b=\frac{1}{2}(s+l-d)$, et
13^e^. $\sin.(s+l)+\sin.d=2\sin.\frac{1}{2}(s+l+d)\cos.\frac{1}{2}(s+l-d)$.
14^e^. $\sin.(s+l)-\sin.d=2\cos.\frac{1}{2}(s+l+d)\sin.\frac{1}{2}(s+l-d)$.
15e. $\cos.(s+l)+\cos.d=2\cos.\frac{1}{2}(s+l+d)\cos.\frac{1}{2}(s+l-d)$.
16e. $\cos.(s+l)-\cos.d=2\sin.\frac{1}{2}(s+l+d)\sin.\frac{1}{2}(s+l-d.)$.

Propositions 17, 18, 19 et 20.

17e. $1=(\cos.a)^2+(\sin.a)^2$ (281.)
18e. $\cos.2a=(\cos.a)^2-(\sin.a)^2$ (285.)

qui, combinées par voie d'addition et de soustraction, donnent

19e. $1+\cos.2a=2(\cos.a)^2$.
20e. $1-\cos.2a=2(\sin.a)^2$.

Soient $2a=Z$, il vient
21e. $1+\cos.Z=2(\cos.\frac{1}{2}Z)^2$ ou $\cos.Z=2(\cos.\frac{1}{2}Z)^2-1$.
22e. $1-\cos.Z=2(\sin.\frac{1}{2}Z)^2$ ou $\cos.Z=1-2(\sin.\frac{1}{2}Z)^2$.

Proposition 23.

Dans tout triangle ZLp (*fig.* 1) rectangle en p, on a $Zp=ZL.\cos.Z$.
Car en faisant le rayon $=1$, on a $Zp=ZL.\sin.ZLp$ (295.)
Or $\sin.ZLp=\cos.Z$; donc $Zp=ZL.\cos.Z$.

Proposition 24.

Dans tout triangle sphérique ZLp (*fig.* 6) rectangle en p, on a $\text{tang}.Zp=\text{tang}.ZL.\cos.Z$.

En effet, dans le triangle Lqn rectangle en q, on a (351) $1:\sin.nq::\text{tang}.n:\text{tang}.Lq$. Or le triangle Lqn étant complémentaire du triangle ZLp, on a (352) $\sin.nq=\cos.Z$; $\text{tang}.n=\cot.Zp$; $\text{tang}.Lq=\cot.ZL$.

Substituant ces valeurs dans l'analogie précédente, on a $1:\cos.Z::\cot.Zp:\cot.ZL::\text{tang}.ZL:\text{tang}.Zp=\text{tang}.ZL\cos.Z$. ou parceque $\text{tang}.a=\frac{\sin.a}{\cos.a}$ (278); on a aussi $\frac{\sin.Zp}{\cos.Zp}=\frac{\sin.ZL}{\cos.ZL}\times\cos.Z$.

PROPOSITION 25.

Dans tout triangle rectiligne ZSL (*fig* 1) on a
$(SL)^2 = (ZS)^2 + (ZL)^2 - 2\,ZS \times ZL \times \cos. Z.$
En effet, soit menée Lp perpendiculaire sur ZS, on a
$(Sp)^2 = (ZS - Zp)^2 = (ZS)^2 - 2\,ZS \times Zp + (Zp)^2$
$(Lp)^2 = (ZL)^2 - (Zp)^2$; $(SL)^2 = (Sp)^2 + (Lp)^2$; donc
$(SL)^2 = (ZL)^2 + (ZS)^2 - 2\,ZS \times Zp$,
ou parceque $Zp = ZL. \cos. Z$ (proposition 23), on a
$(SL)^2 = (ZL)^2 + (ZS)^2 - 2\,ZS.\,ZL.\cos. Z.$

PROPOSITION 26.

Dans tout triangle sphérique ZSL (*fig.* 2) on a
$\cos. SL = \cos. ZS.\cos. ZL + \sin. ZS.\sin. ZL.\cos. Z.$
En effet on a (357) $\cos. LZ : \cos. LS :: \cos. Zp : \cos. Sp$.
Or $\cos. Sp = \cos.(ZS - Zp) = \cos. ZS.\cos. Zp + \sin. ZS.\sin. Zp$; donc
$\cos. LZ : \cos. LS :: \cos. Zp : \cos. ZS.\cos. Zp. + \sin. ZS.\sin. Zp.$
Divisant par $\cos. Zp$ les deux termes du second rapport, il vient
$\cos. LZ : \cos. LS :: 1 : \cos. ZS + \sin. ZS \times \frac{\sin. Zp}{\cos. Zp}$;
ou, en vertu de la proposition 24,
$\cos. LZ : \cos. LS :: 1 : \cos. ZS + \sin. ZS. \frac{\sin. ZL}{\cos. ZL}.\cos. Z$;
d'où l'on tire
$\cos. LS = \cos. ZS.\cos. ZL + \sin. ZS.\sin. ZL.\cos. Z.$

PROPOSITION 27.

Déterminer la projection stéréographique d'un triangle sphérique quelconque.

Soient (*fig.* 5) ZS, ZL et SL″ les trois côtés du triangle proposé, développés sur le plan de ZS, qu'on suppose être celui du méridien ZHNR (Z est le zénith; N, le nadir; S, le soleil; L, la lune; HR, l'intersection du méridien et de l'horizon, qu'il faut concevoir perpendiculaire au plan de la figure). Concevons que les secteurs ZCL, SCL″ tournent l'un sur CZ et l'autre sur CS, jusqu'à ce que les points L et L″ se soient réunis en un seul: alors le plan ZCL fera avec le plan ZCS un angle égal à l'angle formé au zénith par les verticaux du soleil et de la lune.

Pour construire cet angle, soient menées $L''q$ et Ln perpendiculaires, l'une sur CS, l'autre sur CZ; du point g, comme centre, et d'un rayon gL, soit décrite la demi-circonférence Lmn; du point p, intersection de $L''q$ et de Ln, soit élevée l'ordonnée pm au diametre Ln; soit enfin tiré le rayon gm, l'angle ngm sera évidemment la mesure de l'angle au zénith.

Soit fait l'angle $sCl = ngm$.

Maintenant concevons un spectateur dont l'œil soit placé au nadir N: il est clair que des rayons de lumiere partant des points S, Z, L, S'', et concourant au point N, couperont le plan de l'horizon, représenté par HR aux points s, C, l' et s'; que, par conséquent, Cs sera la projection stéréographique de ZS; Cl', celle de ZL; et Cs'', celle de ZS''. Cela posé, portons Cl' sur Cl, de C en l; tirons la droite sl et faisons passer un arc de cercle sls' par les trois points s, l et s'; le triangle mixtiligne Csl, formé par les droites Cs, Cl, et par l'arc sl, sera la projection stéréographique du triangle proposé.

En effet, dans le triangle Csl, qu'il faut concevoir élevé perpendiculairement au plan de la figure, le côté Cs, qui est dans le plan de l'horizon et du vertical du soleil, est évidemment la projection stéréographique du côté ZS (distance du soleil au zénith); le côté Cl, qui est dans le plan de l'horizon et du vertical de la lune, est par construction égal à Cl': or Cl est évidemment la projection stéréographique de l'arc ZL qui mesure la distance de la lune au zénith; donc le côté Cl du triangle Csl, est la projection stéréographique de la distance de la lune au zénith. Le côté sl est terminé au point s, (proj. stér. du soleil) et au point l, (proj. stér. de la lune). Il est donc la projection stéréographique d'une droite terminée au centre du soleil et à celui de la lune.

Cs'' est évidemment la projection stéréographique de l'arc ZS'' supplément de ZS. Ainsi un arc de cercle passant par le point l, et terminé aux points s et s'', est la projection stéréographique d'un arc céleste passant par le centre de la lune, et terminé, d'une part au centre du soleil, et de l'autre part au point du ciel qui lui est diamétralement opposé; donc la partie de cet arc céleste comprise entre le soleil et la lune, a pour projection stéréographique la partie sl de l'arc sls''; donc l'arc sl est la projection stéréographique de l'arc de grand cercle, qui mesure la distance du soleil à la lune, c'est-à-dire du côté opposé à l'angle Z dans le triangle proposé.

Maintenant appliquons à cette construction l'analyse du citoyen Lagrange.

Soient

La distance Z S du soleil au zénith . . . . . . α
La distance Z L de la lune au zénith . . . . . β
La distance du soleil à la lune . . . . γ
L'angle au zénith (S′ Z′ L′) . . . . φ
$Cs = a$; $Cl = b$; $Sl = c$.

La proposition 26 donne (pour le triangle sphérique dont les côtés sont α, β, γ, et dont l'angle ϕ est opposé au côté γ), $\cos.\gamma = \cos.\alpha.\cos.\beta + \sin.\alpha.\sin.\beta.\cos.\phi$; d'où l'on tire

$$\cos.\phi = \frac{\cos.\gamma - \cos.\alpha.\cos.\beta}{\sin.\alpha.\sin.\beta}$$

Les triangles rectangles NCS NCL donnent

$$a = \text{tang.}\tfrac{1}{2}\alpha = \frac{\sin.\frac{1}{2}\alpha}{\cos.\frac{1}{2}\alpha}; \quad b = \text{tang.}\tfrac{1}{2}\beta = \frac{\sin.\frac{1}{2}\beta}{\cos.\frac{1}{2}\beta}.$$

Le triangle rectiligne Csl donne, en vertu de la proposition 25, $C^2 = a^2 + b^2 - 2ab.\cos.\phi$.

Substituant pour a, b, et $\cos.\phi$ leur valeur, cette équation devient

$$C^2 = \frac{(\sin.\frac{1}{2}\alpha)^2}{(\cos.\frac{1}{2}\alpha)^2} + \frac{(\sin.\frac{1}{2}\beta)^2}{(\cos.\frac{1}{2}\beta)^2} + 2\,\frac{\sin.\frac{1}{2}\alpha.\sin.\frac{1}{2}\beta}{\cos.\frac{1}{2}\alpha.\cos.\frac{1}{2}\beta} \times \left(\frac{\cos.\alpha.\cos.\beta - \cos.\gamma}{\sin.\alpha.\sin.\beta}\right).$$

Substituant pour $\sin.\alpha.\sin.\beta$ sa valeur . . . .
$4\sin.\frac{1}{2}\alpha.\cos.\frac{1}{2}\alpha.\sin.\frac{1}{2}\beta.\cos.\frac{1}{2}\beta$ on a,

$$C^2 = \frac{(\sin.\frac{1}{2}\alpha)^2}{(\cos.\frac{1}{2}\alpha)^2} + \frac{(\sin.\frac{1}{2}\beta)^2}{(\cos.\frac{1}{2}\beta)^2} + \frac{\cos.\alpha.\cos.\beta - \cos.\gamma}{2(\cos.\frac{1}{2}\alpha)^2.(\cos.\frac{1}{2}\beta)^2} =$$

$$\frac{2(\sin.\frac{1}{2}\alpha)^2.(\cos.\frac{1}{2}\beta)^2 + 2(\sin.\frac{1}{2}\beta)^2(\cos.\frac{1}{2}\alpha)^2 + \cos.\alpha.\cos.\beta - \cos.\gamma.}{2(\cos.\frac{1}{2}\alpha)^2.(\cos.\frac{1}{2}\beta)^2.}$$

ou, en vertu des propositions 19 et 20,

$$C^2 = \frac{(1-\cos.\alpha).(1+\cos.\beta) + (1+\cos.\alpha).(1-\cos.\beta) + 2\cos.\alpha.\cos.\beta - 2\cos.\gamma}{4(\cos.\frac{1}{2}\alpha)^2.(\cos.\frac{1}{2}\beta)^2}.$$

Effectuant les produits, et réduisant, on a enfin

$$C^2 = \frac{1-\cos.\gamma}{2.(\cos.\frac{1}{2}\alpha)^2.(\cos.\frac{1}{2}\beta)^2} = \frac{(\sin\frac{1}{2}\gamma)^2}{(\cos.\frac{1}{2}\alpha)^2.(\cos.\frac{1}{2}\beta)^2}, \text{ et}$$

$$C = \frac{\sin.\frac{1}{2}\gamma}{\cos.\frac{1}{2}\alpha.\cos.\frac{1}{2}\beta}.$$

On a donc dans le triangle horizontal Csl, qui est la projection stéréographique du triangle sphérique proposé,

$$Cs = a = \frac{\sin.\frac{1}{2}\alpha}{\cos.\frac{1}{2}\alpha} = \frac{\sin.\frac{1}{2}\alpha.\cos.\frac{1}{2}\beta}{\cos.\frac{1}{2}\alpha.\cos.\frac{1}{2}\beta} = \frac{\sin.\frac{1}{2}(\alpha+\beta) + \sin.\frac{1}{2}(\alpha-\beta)}{2\cos.\frac{1}{2}\alpha.\cos.\frac{1}{2}\beta}.$$

(En vertu de la proposition 5,)

$$Cl = b = \frac{\sin.\frac{1}{2}\beta}{\cos.\frac{1}{2}\beta} = \frac{\cos.\frac{1}{2}\alpha.\sin.\frac{1}{2}\beta}{\cos.\frac{1}{2}\alpha.\cos.\frac{1}{2}\beta} = \frac{\sin.\frac{1}{2}(\alpha+\beta)-\sin.\frac{1}{2}(\alpha-\beta)}{2\cos.\frac{1}{2}\alpha.\cos.\frac{1}{2}\beta}.$$

(En vertu de la proposition 6,)

$$sl = C = \frac{\sin.\frac{1}{2}\gamma}{\cos.\frac{1}{2}\alpha.\ \cos.\frac{1}{2}\beta} = \frac{2\sin.\frac{1}{2}\gamma}{2\cos.\frac{1}{2}\alpha.\ \cos.\frac{1}{2}\beta}.$$

Considérons le triangle Csl comme la base d'une pyramide renversée qui a son sommet au nadir N, et dont les arétes qui concourent à ce point N passent, l'une par le zénith, l'autre par le soleil, et la troisieme par la lune, et faisons glisser le plan du triangle Csl parallèlement à lui-même le long de la verticale CZ, et de C vers Z; dans ce mouvement les côtés du triangle Csl croîtront dans le même rapport; et quand ce rapport sera celui de 1 à $2\cos.\frac{1}{2}\alpha.\ \cos.\frac{1}{2}\beta$, le triangle Csl étant supposé arrivé à la position $Z'S'L'$, sera tel en grandeur, qu'on aura cette suite de rapports :

$$1 : 2\cos.\tfrac{1}{2}\alpha.\cos.\tfrac{1}{2}\beta :: CN : Z'N :: Cs : Z'S' :: Cl : Z'L' :: sl : S'L'.$$

D'où l'on tire (en faisant $CN = 1$),

$$Z'N = 2\cos.\tfrac{1}{2}\alpha.\cos.\tfrac{1}{2}\beta = \cos.\tfrac{1}{2}(\alpha-\beta) + \cos.\tfrac{1}{2}(\alpha+\beta) \quad \text{(Prop. 7)}$$

$$Z'S' = a \times 2\cos.\tfrac{1}{2}\alpha.\cos.\tfrac{1}{2}\beta = \sin.\tfrac{1}{2}(\alpha+\beta) + \sin.\tfrac{1}{2}(\alpha-\beta)$$

$$Z'L' = b \times 2\cos.\tfrac{1}{2}\alpha.\cos.\tfrac{1}{2}\beta = \sin.\tfrac{1}{2}(\alpha+\beta) - \sin.\tfrac{1}{2}(\alpha-\beta)$$

$$S'L' = c \times 2\cos.\tfrac{1}{2}\alpha.\cos.\tfrac{1}{2}\beta = 2\sin.\tfrac{1}{2}\gamma.$$

Ainsi le triangle sphérique proposé se trouve projeté stéréographiquement, non pas sur le plan de l'horizon rationel, mais sur un plan qui lui est supérieur et parallele. La distance de ce plan à l'horizon est exprimée par

$$\cos.\tfrac{1}{2}(\alpha-\beta) + \cos.\tfrac{1}{2}(\alpha+\beta) - 1.$$

Corollaire 1.

Soient $Z'S' = A$; $Z'L' = B$; $S'L' = C$; $\alpha = \frac{1}{2}\pi - h$; $\beta = \frac{1}{2}\pi - h'$; $\gamma = d$ ($\frac{1}{2}\pi$ = 90 degrés de l'ancienne division et 100 de la nouvelle); on aura $\frac{1}{2}(\alpha+\beta) = \frac{1}{2}\pi - \frac{1}{2}(h+h')$; $\frac{1}{2}(\alpha-\beta) = \frac{1}{2}(h-h')$;
$\sin.\frac{1}{2}(\alpha+\beta) = \cos.\frac{1}{2}(h+h'$; $\sin.\frac{1}{2}(\alpha-\beta) = \sin.\frac{1}{2}(h-h')$.
$A = \cos.\frac{1}{2}(h+h') + \sin.\frac{1}{2}(h-h')$; $B = \cos.\frac{1}{2}(h+h') - \sin.\frac{1}{2}(h-h')$;
$C = 2\sin.\frac{1}{2}d$.

Corollaire 2.

Soient $\alpha = \frac{1}{2}\pi + h$; $\beta = \frac{1}{2}\pi - h'$; $\gamma = d$; on a $\frac{1}{2}(\alpha+\beta) = \frac{1}{2}\pi - \frac{1}{2}(h'-h)$; $\frac{1}{2}(\alpha-\beta) = \frac{1}{2}(h'+h)$; $\sin.\frac{1}{2}(\alpha+\beta) = \cos.\frac{1}{2}(h-h')$; $\sin.\frac{1}{2}(\alpha-\beta) = \sin.\frac{1}{2}(h+h')$; $A = \cos.\frac{1}{2}(h-h') + \sin.\frac{1}{2}(h+h')$; $B = \cos.\frac{1}{2}(h-h') - \sin.\frac{1}{2}(h+h')$; $C = 2\sin.\frac{1}{2}d$. Le cas où $\alpha = \frac{1}{2}\pi + h$ et $\beta = \frac{1}{2}\pi + h'$, revient à celui du corollaire 1.

Le citoyen Lagrange a joint à la solution analytique de sa proposition une démonstration synthétique que voici :

Soit Z l'angle compris entre les côtés A et B ; on a, par la proposition 25, $C^2 = A^2 + B^2 - 2\,AB.\cos.Z$. Mettant pour A, B et C leurs valeurs données au corollaire 1, on a

$$4(\sin.\tfrac{1}{2}d)^2 = \left(\cos.\frac{h+h'}{2} + \sin.\frac{h'-h}{2}\right)^2 + \left(\cos.\frac{h'+h'}{2} - \sin.\frac{h'-h}{2}\right)^2$$
$$- 2.\left(\cos.\frac{h+h'}{2} + \sin.\frac{h'-h}{2}\right).\left(\cos.\frac{h+h'}{2} - \sin.\frac{h'-h}{2}\right).\cos Z =$$
$$2\left(\cos.\frac{h+h'}{2}\right)^2 + 2\left(\sin.\frac{h'-h}{2}\right)^2 - 2\left[\left(\cos.\frac{h+h'}{2}\right)^2 - \left(\sin.\frac{h'-h}{2}\right)^2\right]\cos.Z,$$

ou, en vertu des propositions 19 et 20,

$$2\cos.d = \cos.(h'-h) - \cos.(h'+h) + [\cos.(h'+h) + \cos.(h-h')].$$
$\cos Z$: enfin, en vertu des propositions 7 et 8, il vient

$$\cos.d = \sin.h.\ \sin.h' + \cos.h.\ \cos.h'.\ \cos.Z;$$

équation qui est ce que devient celle de la proposition 26, quand on y fait $LS = d$; $ZS = \frac{1}{2}\pi - h$; et $ZL = \frac{1}{2}\pi - h'$.

RECHERCHES

SUR

L'ASTRONOMIE SPHÉRIQUE ET NAUTIQUE,

Servant de Supplément à la Trigonométrie sphérique, et à la Navigation de Bezout.

Après avoir donné la description et l'usage de l'instrument du citoyen Lagrange, il est bon d'exposer ici les moyens de résoudre par le calcul les divers problêmes de l'astronomie nautique dont il donne la solution graphique.

La proposition 26 est remarquable par son utilité autant que par sa fécondité.

Elle sert à trouver un côté d'un triangle sphérique quand on connoît les deux autres, et l'angle compris entre ces deux côtés connus. Elle sert aussi à trouver un angle d'un triangle sphérique dont on connoît les trois côtés.

Et, par différentes transformations dont elle est susceptible, on en dérive beaucoup d'autres auxquelles on peut facilement appliquer les logarithmes.

En y faisant $ZS = s$, $ZL = l$, et $SL = d$, elle devient

$$\cos. d = \cos. s. \cos. l + \sin. s. \sin. l. \cos. Z. \quad (\mathrm{I})$$

1°. Soit $\cos. s. \cos. l = \cos. A$; $\sin. s. \sin. l. \cos. Z = \cos. B$, on aura $\cos. d = \cos. A + \cos. B$;
ou, en vertu de la proposition 7,
$\cos. d = 2 \cos. \frac{1}{2}(A + B). \cos. \frac{1}{2}(A - B)$.

Si l'angle Z est obtus, en désignant par Z' son supplément, on aura $\cos. d = \cos. s. \cos. l - \sin. s. \sin. l \cos. Z'$.

Soit $\cos. s. \cos. l = \cos. A$; $\sin. s. \sin. l. \cos. Z' = B$,
on aura $\cos. d = \cos. A - \cos. B$;
ou, en vertu de la proposition 8,
$\cos. d. = 2 \sin. \frac{1}{2}(A + B). \sin. \frac{1}{2}(A - B)$,
ou bien, en mettant l'équation (I) sous cette forme,

$$\cos. d = \cos. s. \cos. l. \left(1 + \frac{\sin. s. \sin. l. \cos. Z}{\cos. s. \cos. l.}\right), \text{ ou sous celle-ci,}$$

$$\cos. d = \cos. s. \cos. l. (1 + \tang. s. \tang. l. \cos. Z), \quad (\mathrm{II})$$

on fera $\tang. s. \tang. l. \cos. Z = \overline{\tang. A}^2$, et l'on aura

$$\cos. d = \cos. s, \cos. l. (1 + \overline{\tang. A}^2) = \frac{\cos. s. \cos. l.}{(\cos. A)^2}.$$

Si l'angle Z est obtus, en nommant Z' son supplément, on aura $\cos. d = \cos. s. \cos. l. (1 - \text{tang}. s. \text{tang}. l. \cos. Z')$; on fera $\text{tang}. s \text{ tang}. l \cos. Z' = \overline{\sin. A}^2$; et l'on aura

$\cos. d = \cos. s. \cos. l. (1 - \overline{\sin. A}^2) = \cos. s. \cos. l. \overline{\cos. A}^2$.

Pour appliquer les logarithmes à ces formules, à la formule (II) par exemple, on fera la somme des trois termes suivants : L. tang. s + L. tang. l + L. cos. Z ; on en prendra la moitié, qu'on cherchera parmi les log. tang. ; on prendra le log. cos. de l'angle A correspondant, et l'on aura

$$\text{L}. \cos. d = \text{L}. \cos. s + \text{L}. \cos. l + 2 \text{ comp. ar. L}. \cos. A;$$

ainsi des autres, *mutatis mutandis*.

2°. On tire de la même formule (I)

$$\cos. Z = \frac{\cos. d - \cos. s. \cos. l}{\sin. s. \sin. l} = \frac{\cos. d.}{\sin. s. \sin. l} \times \left(1 - \frac{\cos. s. \cos. l}{\cos. d.}\right). \quad \text{(III)}$$

Soit $\frac{\cos. s. \cos. l}{\cos. d} = (\sin. A)^2$, on aura

$$\cos. Z = \frac{\cos. d. (1 - (\sin. B)^2)}{\sin. s. \sin. l} = \frac{\cos. d. \overline{\cos. A}^2}{\sin. s. \sin. l.}.$$

Si le côté d est plus grand qu'un angle droit, en nommant d' son supplément, on aura

$$\cos. Z = \frac{-\cos. d'}{\sin. s. \sin. l}. \left(1 + \frac{\cos. s. \cos. l}{\cos. d'}\right). \quad \text{(IV)}$$

Soit $\frac{\cos. s. \cos. l}{\cos. d'} = (\text{tang}. B')^2$, on aura

$$\cos. Z = \frac{-\cos. d' (1 + \text{tang}. B'^2)}{\sin. s. \sin. l} = \frac{-\cos. d}{\sin. s. \sin. l. (\cos. B')^2}.$$

3°. Mettons dans la formule I, pour cos. Z, sa valeur, $1 - 2 (\sin. \frac{1}{2} Z)^2$ (prop. 22), elle devient,

$\cos. d = \cos. s. \cos. l + \sin. s. \sin. l - 2 \sin. s. \sin. l. \overline{\sin. \frac{1}{2} Z}^2$,

ou $\cos. d = \cos. (s - l) - 2 \sin. s. \sin l. \overline{\sin. \frac{1}{2} Z}^2$; (V)

qu'on peut écrire ainsi :

$$\cos. d = \cos. (s - l). \left(1 - \frac{2 \sin. s. \sin. l. \overline{\sin. \frac{1}{2} Z}^2}{\cos. (s - l)}\right). \quad \text{(VI)}$$

Soit $\frac{\sin. s. \sin. l. \overline{\sin. \frac{1}{2} Z}^2}{\cos. (s - l)} = \overline{\sin. A}^2$, on aura

$$\cos. d = \cos. (s - l). (1 - 2 \overline{\sin. A}^2) = \cos. (s - l). \cos. 2 A.$$

4°. Mettons dans la formule I, pour cos. Z, sa valeur, $2 \overline{\cos. \frac{1}{2} Z}^2 - 1$ (prop. 21) ; elle devient

$\cos. d = \cos. s. \cos. l - \sin. s. \sin. l + 2 \sin. s. \sin. l. \overline{\cos. \frac{1}{2} Z}^2$, ou

$\cos. d = \cos. (s + l) + 2 \sin. s. \sin. l. \overline{\cos. \frac{1}{2} Z}^2$. (VII)

qu'on peut écrire ainsi,

$$\cos. d = \cos. (s+l). \left(1 + \frac{2\sin. s. \sin. l. \overline{\cos. \frac{1}{2} Z}^2}{(\cos. \overline{s+l})}\right). \quad \text{(VIII)}$$

Soit $\frac{2 \sin. s \sin. l. \overline{\cos. \frac{1}{2} Z}^2}{\cos. (s+l)} = (\text{tang. A})^2$, on aura

$$\cos. d. = \cos. (s+l). (1 + \overline{\text{tang. A}}^2) = \frac{\cos. (s+l)}{(\cos. A)^2}.$$

Si $s + l > \frac{1}{2} \pi$, on aura

$$\cos. d = 2 \sin. s \sin. l. \overline{\cos. \frac{1}{2} Z}^2 - \cos. (\pi - s - l), \text{ ou}$$

$$\cos. d. = \cos. (\pi - s - l) \left(\frac{2 \sin. s. \sin. l. \overline{\cos. \frac{1}{2} Z}^2}{\cos. (\pi - s - l)} - 1 \right).$$

Soit $\frac{\sin. s. \sin. l \overline{\cos. \frac{1}{2} Z}^2}{\cos. (\pi - s - l)} = \overline{\cos. A}^2$, on aura

$$\cos. d = \cos. (\pi - s - l). (2 \overline{\cos. A}^2 - 1) = \cos. (\pi - s - l). \cos. 2A,$$

5°. De la formule V on tire

$$\cos. (s - l) - \cos. d = 2 \sin. s. \sin. l. \overline{\sin. \frac{1}{2} Z}^2.$$

Mettant pour $\cos. (s - l) - \cos. d$, sa valeur,

$$2 \sin. \tfrac{1}{2} (d + s - l). \sin. \tfrac{1}{2} (d + l - s) \text{ (prop. 12)},$$

et divisant par 2, on a

$$\sin. \tfrac{1}{2} (d+s-l). \sin. \tfrac{1}{2} (d+l-s) = \sin. s. \sin. l. \overline{\sin. \tfrac{1}{2} Z}^2. \quad \text{(IX)}$$

Soit $d + s + l = p$, ce qui donne

$\frac{1}{2} (d + s - l) = \frac{1}{2} p - l; \frac{1}{2} (d + l - s) = \frac{1}{2} p - s$, on a

$$\sin. \overline{\tfrac{1}{2} p - l}. \sin. \overline{\tfrac{1}{2} p - s} = \sin. s. \sin. l. \overline{\sin. \tfrac{1}{2} Z}^2. \quad \text{(X)}$$

6°. En opérant de même sur la formule VII, on en tire,

$$\sin. \tfrac{1}{2} (s+l+d). \sin. \tfrac{1}{2} (s+l-d) = \sin. s. \sin. l. \overline{\cos. \tfrac{1}{2} Z}^2, \quad \text{(XI)}$$

$$\text{ou } \sin. \tfrac{1}{2} p. \sin. \overline{\tfrac{1}{2} p - d} = \sin. s. \sin. l. \overline{\cos. \tfrac{1}{2} Z}^2. \quad \text{(XII)}$$

7°. Mettons dans l'équation V, $1 - 2 \overline{\sin \frac{1}{2} d}^2$, pour $\cos. d$, et $1 - 2 \overline{\sin. \frac{1}{2} (s - l)}^2$, pour $\cos. (s - l)$, nous aurons

$$(\sin. \tfrac{1}{2} d)^2 = \overline{\sin. \tfrac{1}{2} (s - l)}^2 + \sin. s. \sin. l. \overline{\sin. \tfrac{1}{2} Z}^2, \quad \text{(XIII)}$$

qu'on peut écrire ainsi,

$$\overline{\sin. \tfrac{1}{2} d}^2 = \overline{\sin. \tfrac{1}{2} (s - l)}^2 \left(1 + \frac{\sin. s. \sin. l. \overline{\sin. \frac{1}{2} Z}^2}{\sin. \frac{1}{2} (s - l)^2} \right). \quad \text{(XIV)}$$

Soit $\frac{\sin. s. \sin. l. \overline{\sin. \frac{1}{2} Z}^2}{\sin. \frac{1}{2} (s - l)^2} = (\text{tang. A})^2$, on aura

$$\overline{\sin. \tfrac{1}{2} d}^2 = \sin. \frac{\overline{(s - l)}^2}{2} (1 + \overline{\text{tang. A}}^2) = \frac{\overline{\sin. \frac{1}{2} (s - l)}^2}{(\cos. A)^2},$$

$$\text{ou } \sin. \tfrac{1}{2} d = \frac{\sin. \frac{1}{2} (s - l)}{\cos. A}.$$

8°. Mettons dans la même équation V, $2 \cos. \frac{1}{2} d - 1$ pour $\cos. d$ et $2 \overline{\cos. \frac{1}{2} (s - l)}^2 - 1$ pour $\cos. (s - l)$; nous aurons

$$\overline{\cos. \tfrac{1}{2} d}^2 = \overline{\cos. \tfrac{1}{2} (s - l)}^2 - \sin. s. \sin. l. \overline{\sin. \tfrac{1}{2} Z}^2, \quad \text{(XV)}$$

qu'on peut écrire ainsi,

$$\overline{\cos.\tfrac{1}{2}d}^2 = \overline{\cos.\tfrac{1}{2}(s-l)}^2\left(1-\frac{\sin.s.\sin.l.\overline{\sin.\frac{1}{2}Z}^2}{\cos.\frac{1}{2}(s-l)^2}\right). \quad \text{(XVI)}$$

Soit $\frac{\sin.s.\sin.l.\overline{\sin.\frac{1}{2}Z}^2}{\cos.\frac{1}{2}(s-l)^2} = \overline{\sin.A}^2$, on a

$$\cos.\tfrac{1}{2}d = \cos.\tfrac{1}{2}(s-l).\cos.A.$$

9°. En faisant les mêmes substitutions dans l'équation VII, on en tire les équations

$$\overline{\sin.\tfrac{1}{2}d}^2 = \overline{\sin.\tfrac{1}{2}(s+l)}^2 - \sin.s.\sin.l.\overline{\cos.\tfrac{1}{2}Z}^2, \quad \text{(XVII)}$$

$$\overline{\cos.\tfrac{1}{2}d}^2 = \overline{\cos.\tfrac{1}{2}(s+l)}^2 + \sin.s.\sin.l.\overline{\cos.\tfrac{1}{2}Z}^2, \quad \text{(XVIII)}$$

qu'on peut écrire ainsi,

$$(\sin.\tfrac{1}{2}d)^2 = (\sin.\tfrac{1}{2}(s+l))^2\left(1-\frac{\sin.s.\sin.l.\overline{\cos.\frac{1}{2}Z}^2}{(\sin.\frac{1}{2}(s+l))^2}\right), \quad \text{(XIX)}$$

$$(\cos.\tfrac{1}{2}d)^2 = \overline{\cos\tfrac{1}{2}(s+l)}^2.\left(1+\frac{\sin.s.\sin.l.\overline{\cos.\frac{1}{2}Z}^2}{(\cos.\frac{1}{2}(s+l))^2}\right). \quad \text{(XX)}$$

On fera $\frac{\sin.s.\sin.l.\overline{\cos.\frac{1}{2}Z}^2}{(\sin.\frac{1}{2}(s+l))^2} = \overline{\sin.A}^2$,

$\frac{\sin.s.\sin.l.\overline{\cos.\frac{1}{2}Z}^2}{(\cos.\frac{1}{2}(s+l))} = \overline{\tang.B}^2$, et l'on aura

$$\sin.\tfrac{1}{2}d = \sin.\tfrac{1}{2}(s+l).\cos.A.;\ \cos.\tfrac{1}{2}d = \frac{\cos.\frac{1}{2}(s+l)}{\cos.A}.$$

On pourroit dériver des formules précédentes beaucoup d'autres formules donnant l'angle Z ou le côté opposé d, par le moyen de la tangente ou de la co-tangente de leur moitié, ou à l'aide de leur sinus verse, de leur susinus verse, etc. ; mais elles seroient, ou plus composées que les précédentes, ou exigeroient le concours des sinus naturels et artificiels, ou enfin elles supposeroient la construction de nouvelles tables, telles que celles des sinus verses, susinus verses, de leurs logarithmes, etc. etc.

Celles qui précedent satisfont amplement aux besoins de l'astronomie sphérique ; et d'ailleurs l'application logarithmique en est extrêmement simple.

Souvent, pour abréger les calculs, ou pour n'y introduire que les quantités qui en sont les éléments, à certains côtés d'un triangle sphérique on substitue leurs compléments. Soient donc

$$\left.\begin{array}{l} s = 90° - h \\ l = 90 - h' \end{array}\right\} \text{suivant l'ancienne division, ou}$$

$$\left.\begin{array}{l} s = 100° - h \\ l = 100° - h' \end{array}\right\} \text{suivant la nouvelle,}$$

la formule I devient

$$\cos.d = \sin.h.\sin.h' + \cos.h.\cos.h'.\cos.Z. \quad \text{(XXI)}$$

La formule II devient

$$\cos.\ d = \sin.\ h.\ \sin.\ h'\ (1 + \cot.\ h.\ \cot.\ h'.\ \cos.\ Z). \qquad \text{(XXII)}$$

Soit $\cot.\ h.\ \cot.\ h'\ \cos.\ Z = \overline{\text{tang. A}}^2$, on aura

$$\cos.\ d = \sin h.\ \sin.\ h'.\ (1 + \overline{\text{tang. A}}^2) = \frac{\sin.\ h.\ \sin.\ h'}{(\cos.\ A)^2}.$$

Si l'angle Z est obtus, soit Z' son supplément, on aura

$$\cos.\ d = \sin h.\ \sin.\ h'\ (1 - \cot.\ h.\ \cot.\ h'\ \cos.\ Z').$$

Soit $\cot.\ h.\ \cot.\ h'\ \cos.\ Z' = \overline{\sin.\ A}^2$, on aura

$$\cos.\ d = \sin.\ h.\ \sin.\ h'\ (1 - \overline{\sin.\ A}^2) = \sin.\ h.\ \sin.\ h'.\ \overline{\cos.\ A}^2.$$

La formule III devient

$$\cos.\ Z = \frac{\cos.\ d - \sin.\ h.\ \sin.\ h'}{\cos.\ h.\ \cos.\ h'} = \frac{\cos.\ d}{\cos.\ h.\ \cos.\ h'};\ \left(1 - \frac{\sin.\ h.\ \sin.\ h'}{\cos.\ d}\right). \qquad \text{(XXIII)}$$

Soit $\frac{\sin.\ h.\ \sin.\ h'}{\cos.\ d} = \overline{\sin.\ A}^2$; on aura $\cos.\ Z = \frac{\cos.\ d.\ \overline{\cos.\ A}^2}{\sin.\ h.\ \sin.\ h'}$.

Si d est plus grand qu'un angle droit, alors, en nommant d' son supplément, on a $\cos.\ Z = \frac{-\cos\ d'}{\cos.\ h.\ \cos.\ h'}.\ \left(1 + \frac{\sin.\ h.\ \sin.\ h'}{\cos.\ d'}\right).$ (XXIV)

Soit $\frac{\sin.\ h.\ \sin.\ h'}{\cos.\ d'} = \overline{\text{tang. A}}^2$, on a $\cos.\ Z = \frac{-\cos.\ d'}{\cos.\ h.\ \cos.\ h.\ (\cos.\ A)^2}$.

La formule V devient

$$\cos.\ d = \cos.\ (h - h') - 2 \cos.\ h.\ \cos.\ h'.\ \overline{\sin.\ \tfrac{1}{2}Z}^2, \qquad \text{(XXV)}$$

qu'on peut écrire ainsi,

$$\cos.\ d = \cos.\ (h - h').\ \left(1 - \frac{2 \cos.\ h.\ \cos.\ h'.\ \overline{\sin.\ \frac{1}{2} Z}^2}{\cos.\ (h - h')}\right) \qquad \text{(XXVI)}$$

Soit $\frac{\cos.\ h.\ \cos.\ h'.\ \overline{\sin.\ \frac{1}{2} Z}^2}{\cos.\ (h - h')} = \overline{\sin.\ A}^2$, on aura

$$\cos.\ d = \cos.\ (h - h').\ (1 - 2(\sin.\ A)^2) = \cos.\ (h - h').\ \cos.\ 2\,A.$$

La formule VII devient

$$\cos.\ d = 2 \cos.\ h.\ \cos.\ h'.\ \overline{\cos.\ \tfrac{1}{2}Z}^2 - \cos.\ (h + h'), \qquad \text{(XXVII)}$$

qu'on peut écrire ainsi,

$$\cos.\ d = \cos.\ (h + h').\ \left(\frac{2.\ \cos\ h.\ \cos.\ h'.\ \overline{\cos.\ \frac{1}{2} Z}^2}{\cos.\ (h + h')} - 1\right). \qquad \text{(XXVIII)}$$

Soit $\frac{\cos.\ h.\ \cos.\ h'\ (\cos.\ \frac{1}{2} Z)^2}{\cos.\ (h + h')} = (\cos\ A)^2$, on aura

$$\cos.\ d = \cos.\ (h + h')\ \ (2\ \overline{\cos.\ A}^2 - 1) = \cos.\ (h + h').\ \cos.\ 2\,A.$$

La formule IX devient

$$\sin.\ \tfrac{1}{2}(d + h - h').\ \sin.\ \tfrac{1}{2}(d + h' - h) = \cos.\ h.\ \cos.\ h'.\ (\sin.\ \tfrac{1}{2} Z)^2. \qquad \text{(XXIX)}$$

Soit $d + h + h' = p$, on a

$$\sin.\ (\tfrac{1}{2} p - h).\ \sin\ (\tfrac{1}{2} p - h') = \cos.\ h.\ \cos.\ h'.\ (\sin.\ \tfrac{1}{2} Z)^2. \qquad \text{(XXX)}$$

La formule XI devient

$$\cos.\ \tfrac{1}{2}(h + h' + d).\ \cos.\ \tfrac{1}{2}(h + h - d) = \cos.\ h\ \cos.\ h'.\ \overline{\cos.\ \tfrac{1}{2} Z}^2 \qquad \text{(XXXI)}$$

$$\text{ou } \cos.\ \tfrac{1}{2}p.\ \cos.\ (\tfrac{1}{2} p - d) = \cos.\ h.\ \cos.\ h'.\ \overline{\cos.\ \tfrac{1}{2} Z}^2. \qquad \text{(XXXII)}$$

L'équation XIII devient

$$(\sin.\tfrac{1}{2}d)^2 = \overline{\sin.\tfrac{1}{2}(h-h')}^2 + \cos.h.\cos.h'\,\overline{\sin.\tfrac{1}{2}Z}^2, \quad \text{(XXXIII)}$$

qu'on peut écrire ainsi,

$$(\sin.\tfrac{1}{2}d)^2 = \overline{\sin.\tfrac{1}{2}(h-h')}^2 \times \left(1 + \frac{\cos.h\,\cos.h'.\,\overline{\sin.\tfrac{1}{2}Z}^2}{\sin.\tfrac{1}{2}(h-h')^2}\right). \quad \text{(XXXIV)}$$

Soit $\frac{\cos.h.\cos.h'\,\overline{\sin.\frac{1}{2}Z}^2}{(\sin.\frac{1}{2}(h-h'))^2} = (\text{tang. A})^2$, on aura

$$\sin.\tfrac{1}{2}d = \frac{\sin.\tfrac{1}{2}(h-h')}{\cos.\text{A}}.$$

La formule XV devient

$$(\cos.\tfrac{1}{2}d)^2 = \overline{\cos.\tfrac{1}{2}(h-h')}^2 - \cos.h.\cos.h'.\,\overline{\sin.\tfrac{1}{2}Z}^2, \quad \text{(XXXV)}$$

qu'on peut écrire ainsi,

$$(\cos.\tfrac{1}{2}d)^2 = \overline{\cos.\tfrac{1}{2}(h-h')}^2.\left(1 - \frac{\cos.h.\cos.h'.\,\overline{\sin.\tfrac{1}{2}Z}^2}{(\cos.\tfrac{1}{2}(h-h))^2}\right). \quad \text{(XXXVI)}$$

Soit $\frac{\cos.h.\cos.h'(\sin.\frac{1}{2}Z)^2}{(\cos.\frac{1}{2}(h-h'))^2} = \overline{\sin.\text{A}}^2$, on aura

$$\cos.\tfrac{1}{2}d = \cos.\tfrac{1}{2}(h-h').\cos.\text{A}.$$

La formule XVII devient

$$(\sin\tfrac{1}{2}d)^2 = \overline{\cos.\tfrac{1}{2}(h+h')}^2 - \cos.h.\cos.h'\,\overline{\cos.\tfrac{1}{2}Z}^2, \quad \text{(XXXVII)}$$

qu'on peut écrire ainsi,

$$(\sin.\tfrac{1}{2}d)^2 = \overline{\cos.\tfrac{1}{2}(h+h')}^2 + \left(1 - \frac{\cos.h.\cos.h'.\,\overline{\cos.\tfrac{1}{2}Z}^2}{(\cos.\tfrac{1}{2}(h+h'))^2}\right). \quad \text{(XXXVIII)}$$

Soit $\frac{\cos.h.\cos.h'.\,\overline{\cos.\frac{1}{2}Z}^2}{\cos.\frac{1}{2}(h+h')^2} = (\sin.\text{A})^2$, on aura

$$\sin.\tfrac{1}{2}d = \cos.\tfrac{1}{2}(h+h').\cos.\text{A}.$$

La formule XVIII devient

$$(\cos.\tfrac{1}{2}d)^2 = (\sin.\tfrac{1}{2}(h+h'))^2. + \cos.h.\cos.h'.\,\overline{\cos.\tfrac{1}{2}Z}^2, \quad \text{(XXXIX)}$$

qu'on peut écrire ainsi,

$$(\cos.\tfrac{1}{2}d)^2 = (\sin.\tfrac{1}{2}(h+h'))^2.\left(1 + \frac{\cos.h.\cos.h'.\,\overline{\cos.\tfrac{1}{2}Z}^2}{(\sin.\tfrac{1}{2}(h+h'))^2}\right). \quad \text{(XL)}$$

Soit $\frac{\cos.h.\cos.h'(\cos.\frac{1}{2}Z)^2}{\sin.\frac{1}{2}(h+h')^2} = (\text{tang. A})^2$, on aura

$$\cos.\tfrac{1}{2}d = \frac{\sin.\tfrac{1}{2}(h+h')}{\cos.\text{A}}.$$

Soit seulement $s = \frac{1}{2}\pi - h$; les formules I et II deviennent

$$\cos.d = \sin.h.\cos.l + \cos.h.\sin.l.\cos.Z, \quad \text{(XLI)}$$

$$\cos.d = \sin.h.\cos.l.(1 + \cos.h,\text{tang}.l.\cos.Z). \quad \text{(XLII)}$$

Les formules III et IV deviennent

$$\cos.Z = \frac{\cos.d}{\cos.h.\sin.l}\left(1 - \frac{\sin.h.\cos.l}{\cos.d}\right), \quad \text{(XLIII)}$$

$$\cos.Z = \frac{-\cos.d'}{\cos.h.\sin.l}\left(1 + \frac{\sin.h.\cos.l}{\cos.d'}\right). \quad \text{(XLIV)}$$

Les formules V et VI deviennent

$$\cos. d = \sin. (h+l) - 2 \cos. h. \sin. l. \overline{\sin. \tfrac{1}{2} Z}^2 , \qquad \text{(XLV)}$$

$$\cos. d = \sin. (h+l) \left(1 - \frac{2 \cos. h. \sin. l. \overline{\sin. \frac{1}{2} Z}^2}{\sin. (h+l)} \right) \qquad \text{(XLVI)}$$

Les formules VII et VIII deviennent

$$\cos. d = \sin. (h-l) + 2 \cos. h. \sin. l. \overline{\cos. \tfrac{1}{2} Z}^2 , \qquad \text{(XLVII)}$$

$$\cos. d = \sin. (h-l) \left(1 + \frac{2 \cos. h. \sin. l. \overline{\cos. \frac{1}{2} Z}^2}{\sin. (h-l)} \right). \qquad \text{(XLVIII)}$$

Les formules IX et X, ainsi que les suivantes, peuvent subir des transformations analogues aux précédentes; mais les résultats en deviennent d'une application trop laborieuse pour être rangés parmi les formules qui précedent. Appliquons celles-ci à quelques exemples.

QUESTION PREMIERE.

Connoissant la distance du soleil à la lune, et les distances au zénith de chacun de ces deux astres, trouver l'angle au zénith, ou leur différence en azimut.

Solution.

Soient Z, l'angle au zénith; *s*, la distance du soleil au zénith; *l*, la distance de la lune au zénith; et *d*, la distance du soleil à la lune: nous connoissons ici les trois côtés *Z s*, *Z l* et *s l* d'un triangle sphérique *Z s l*, et nous cherchons l'angle Z de ce triangle; nous pouvons donc appliquer à cette recherche les formules III ou IV, les formules IX ou X, et les formules XI ou XII.

Exemple.

Soient $d = 64° 31' 20''$; $s = 82° 47' 50''$; $l = 54° 17' 30''$; le côté *d* étant moindre que 90°, c'est la formule III qu'il faut choisir entre la troisieme et la quatrieme.

Type du calcul de la formule III.

C. ar. L. cos. *d*	0,3663690		L. cos. *d*	9,6336310
L. cos. *s*	9,0982329;		C. ar. L. sin. *s*	0,0034408
L. cos. *l*	9 7661594;		C. ar. L. sin. *l*	0 0904447
Somme	19,2307613		L. cos. A	9 9595067
Demi-somme. L. sin. A	9 6153806		L. cos. A	9 9595067
A = 24° 21′ 34″		Somme.	L. cos. Z	9 6465299
			Z = 63° 41′ 46″,7	

Appliquons au même exemple les formules X et XII de préférence aux IX et XI, qui n'en sont que les *avenues*.

Type du calcul de la formule X.

d = dist. ☉ ☾ =	64°	31′	20″		
s = dist. Z ☉ =	82	47	50	C. ar. L. sin. s	0,0034408
l = dist. Z ☾ =	54	17	30	C. ar. L. sin. l	0,0904447
Somme.	201	36	40		....
Demi-somme.	100	48	20		....
Demi-somme — dist. Z ☉	18	00	30	sin.	9,4901767
Demi-somme — dist. Z ☾	46	30	50	sin.	9,8606621
				Somme.	19,4447243
Demi-somme L. sin.	31	50	53,3	Demi-somme	9,7223621
dont le double	63	41	46,6	est l'angle Z.	

Type du calcul de la formule XII.

d = dist. ☉ ☾	64°	31′	20″		
s = dist. Z ☉	82	47	50	C. ar. L. sin. s	0,0034408
l = dist. Z ☾	54	17	30	C. ar. L. sin. l	0,0904447
p. Somme.	201	36	40		......
$\frac{1}{2}p$ Demi-somme.	100	48	20	L. sin. $\frac{1}{2}p$	9,9922305
$\frac{1}{2}p-d$ $\frac{1}{2}$ som. — dist. ☉ ☾	36	17	00	L. sin. $\frac{1}{2}p-d$	9,7721593
				Somme.	19,8582753
L. cos. $\frac{1}{2}$ Z.				Demi-somme.	9,9291376

$\frac{1}{2}$Z = 31° 50′ 53″,3, dont le double
Z = 63 41 46,6 est l'angle cherché.

QUESTION II.

Connoissant la distance du soleil à la lune et les hauteurs de ces deux astres, trouver leur différence en azimut.

On ramene cette question à la premiere, en prenant les compléments des hauteurs ; mais si l'on veut employer les hauteurs mêmes, il faut faire usage des formules XXIII ou XXIV, des formules XXX et XXXII.

Exemple.

Soient $d = 64° 31' 20''$; $h = 7° 12' 10''$; $h' = 35° 42' 30''$.

Type du calcul de la formule XXIII.

C. ar. L. cos. d	0,3663690	L. cos. d	9,6336310
L. sin. h	9,0982329	C. ar. L. cos. h	0,0034408
L. sin. h'	9,7661594	C. ar. L. cos. h'	0,0904447
Somme.	19,2307613	L. cos. A	9,9595067
Demi-Somme L. sin. A	9,6153806	L. cos. A	9,9595067
A = 24° 21′ 34″		Somme. L. cos. Z	9,6465299
Z = 63 41 46,7.			

Type du calcul de la formule XXX.

d = dist. ☉ ☾ =	64°	31′	20″		
h = haut. ☉	7	12.	10	C. ar. L. cos. h	0,0034408
h' = haut. ☾	35	42	30	C. ar. L. cos. h'	0,0904447
Somme p	107	26	00		......
Demi-somme $\frac{1}{2}p$	53	43	0		....
Demi-somme — haut. ☉	46	30	50	L. sin. $(\frac{1}{2}p-h)$	9,8606631
Demi-somme — haut. ☾	18	0	30	L. sin. $(\frac{1}{2}p-h')$	9,4901767
Somme des quatre logarithmes				= 2 L. sin. $\frac{1}{2}$ Z	9,14447243
Demi-somme. L. sin.	31	50	53,3	= L. sin. $\frac{1}{2}$ Z	9,7223621
Double de $\frac{1}{2}$ Z	63	41	46,6	angle au zénith.	

Type du calcul de la formule XXXII.

d = dist. ☉ ☾	64°	31′	20″		
h = haut. ☉	7	12	10	C. ar. L. cos. h	0,0034408
h' = haut. ☾	35	42	30	C. ar. L. cos. h'	0,0904447
Somme.	107	26	0		......
Demi-somme.	53	43	0	L. cos. $\frac{1}{2}p$	9,7721593
Demi somme — dist. ☉ ☾	10	48	20	L. cos. $\frac{1}{2}p-d$	9,9922305
Somme des quatre logarithmes				= 2 L. cos. $\frac{1}{2}$ Z	19,3582753
Demi-somme. L. cos.	31	50	53,3	= L. cos. $\frac{1}{2}$ Z	9,9291376
double de $\frac{1}{2}$ Z	63	41	46,6	angle au zénith.	

QUESTION III.

Connoissant les distances au zénith s *et* l *du soleil et de la lune, ainsi que leur différence en azimut, trouver leur distance* d.

Ici nous connoissons deux côtés s, l, et l'angle Z compris entre ces côtés. Nous aurons le troisieme côté d par l'une des formules I, II, V, VI, VII, VIII, XIII, XIV, XV, XVI, XVII, XVIII, XIX et XX. Les formules V, VII, XIII, XV, XVII et XVIII exigent le concours des sinus naturels et de leurs logarithmes, dont les marins ne sont point à portée de faire également usage. Nous nous bornerons à l'application des formules I, II, VI, VIII, XIV, XVI, XIX et XX.

Exemple.

Soient $s = 82° 54' 50''$; $l = 53° 34' 10''$; $Z = 63° 41' 46'',6$.

Type du calcul de la formule I.

L. cos. s	9,0911776		L. sin. s	9,9966701
L. cos. l	9,7736753		L. sin. l	9,9055677
Somme.	8,8648529	= L. cos. A ;	L. cos. Z	9,6465299
A =	85° 47′ 56″		Somme.	9,5487677 = L. cos. B.
B =	69 16 46		L. 2	0,3010300
A + B	155 4 42 ;	$\frac{1}{2}$(A + B) = 77° 32′ 21″.	L. cos.	9,7339955
A — B	16 31 10 ;	$\frac{1}{2}$(A — B) 8 15 35.	L. cos.	9,9954715
Somme.	L. cos. 64° 43′ 7″ = L. cos. d =			9,6304970

Type du calcul de la formule II.

L. tang. s	0,9654925	L. cos. s	9,0911776
L. tang. l	0,1318924	L. cos. l	9,7736753
L. cos. Z	9,6465299	C. ar. L. cos. A	0,3828220
Somme.	0,6839148	C. ar. L. cos. A	0,3828220
Demi-somme. L. tang. A	0,3419574;	Somme. L. cos. d =	9,6304969

A = 65° 31′ 59″ d = 64° 43′ 7″ distance cherchée.

Type du calcul de la formule VI.

		$\frac{1}{2}$ Z = 31° 50′ 53″,3	
L. sin. s	9,9966701	$s-l$ = 29 20 40	
L. sin. l	9,9055677	L. cos. $(s-l)$	9,9403618
L. sin. $\frac{1}{2}$ Z	9,7223621	L. cos. 2 A	9,6901358
L. sin. $\frac{1}{2}$ Z	9,7223621	Somme.	9,6304976
C. ar. L. cos. $(s-l)$	0,0596382	c'est le logarithme cosinus de la distance d	
Somme.	9,4066002	d = 64° 43′ 7″.	
Demi-somme. L. sin. A	9,7033001		
A =	30° 19′ 55″		
2 A	60 39 50		

Type du calcul de la formule VIII.

L. sin. s	9,9966701		
L. sin. l	9,9055677	L. cos. $(\pi-s-l)$	9,8604423
L. cos. $\frac{1}{2}$ Z	9,9291377	Log. cos. 2 A	9,7700550
L. cos. $\frac{1}{2}$ Z	9,9291377	Somme. L. cos d	9,6304973
C. ar. L. cos. $(\pi-s-l)$	0,1395577	d =	64° 43′ 7″
Somme.	9,9000709		
Demi-somme. L. cos. A	9,9500354		
A	26° 57′ 35″,5		
2 A	53 55 10		

Type du calcul de la formule XIV.

L. sin. s	9,9966701	s =	82° 54′ 50″
L. sin. l	9,9055677	l =	53 34 10
L. sin. $\frac{1}{2}$ Z	9,7223621	$s-l$ =	29 20 40
L. sin. $\frac{1}{2}$ Z	9,7223621	$\frac{1}{2}(s-l)$ =	14 40 20
Somme.	39,3469620		
Demi-somme.	19,6734810		
L. tang. A		Dif.	0,2698647
L. sin. $\frac{1}{2}(s-l)$	9,4036163	A =	61° 45′ 20″
L. cos. A	9,6750762	$\frac{1}{2}d$ =	32 21 33,5
Dif. L. sin $\frac{1}{2}d$	9,7285401	d =	64 43 7

Type du calcul de la formule XVI.

$\frac{1}{2}$ Z =	31° 50′ 53″,3	L. sin.	9,7223621	
		Id.	9,7223621	
s =	82 54 50	L. sin.	9,9966701	
l =	53 34 10	L. sin.	9,9055677	
$s+l$	29 20 40	Somme.	39,3469620	
$\frac{1}{2}(s-l)$	14 40 20	Demi-somme.	19,6734810	
L. sin. A				Dif. 9,6878791
L. cos.	14 40 20		9,9856019	A = 29° 10′ 10″
L. cos. A			9,9411048	$\frac{1}{2}d$ = 32 21 33,5
		Somme. L. cos. $\frac{1}{2}d$	9,9267067	d = 64 43 7

Type du calcul de la formule XIX.

$\frac{1}{2}$Z =	31° 50′ 53″,3		L. cos.	9,9291376			
			Id.	9,9291376			
s =	82 54 50		L. sin.	9,9966701			
l =	53 34 10		L. sin.	9,9055677			
Somme.	136 29 0		Somme.	39,7605130			
		Demi-somme.		19,8802565			
			L. sin. A			Dif.	9,9123550
$\frac{1}{2}$ somme	68 14 30		L. sin.	9,9679015		A =	54° 48′ 37″
			L. cos. A	9,7606359		$\frac{1}{2}$*d* =	32 21 33,4
		Somme.	L. sin. $\frac{1}{2}$*d*	9,7285374		*d* =	64 43 6,8

Type du calcul de la formule XX.

$\frac{1}{2}$Z =	31° 50′ 53″,3;	2 L. cos.	19,8582753		
s =	82 54 50	L. sin.	9,9966701		
l =	53 34 10	L. sin.	9,9055677		
Somme.	136 29 0	Somme.	39,7605131		
		Demi-somme.	19,8802565		
		Diff. Log. tang. A		10,3112427	
Demi-somme.	68 14 30	$\frac{1}{2}$(*s* + *l*) L. cos.	9,5690138	A = 63° 58′ 12″	
		L. cos. A	9,6423066		
L. cos. $\frac{1}{2}$*d*; $\frac{1}{2}$*d* =	32° 21′ 33″,3	Différence.	9,9267072;	*d* = 64° 43′ 6″,6	

QUESTION IV.

Connoissant les hauteurs h *et* h′ *du soleil et de la lune, et leur différence en azimut, trouver leur distance* d[2].

Cette question ne differe de la précédente qu'en ce qu'au lieu des côtés qui comprennent l'angle Z, nous connoissons les compléments de ces côtés ; nous devons donc ici faire usage des formules XXI, XXII, XXVI, XXVIII, XXXIV, XXXVI, XXXVIII et XL.

Exemple.

$$Z = 63° 41' 46'',6;\ h = 7° 5' 10'';\ h' = 36° 25' 50''.$$

Type du calcul de la formule XXI.

	L. sin. *h*	9,0911776		L. cos. *h*	9,9966701
	L. sin. *h′*	9,7736753		L. cos. *h′*	9,9055677
Somme.	L. cos. A	8,8648529		L. cos. Z	9,6465299
	A =	85° 47′ 56″	Somme.	L. cos. B	9,5487677
	A =	69 16 46			
	A + B	155 4 42			
	A — B	16 31 10		L. 2	0,3010300
	$\frac{1}{2}$ (A + B)	77 32 21		L. cos. $\frac{1}{2}$(A+B)	9,7339955
	$\frac{1}{2}$ (A — B) =	8 15 35		L. cos. $\frac{1}{2}$(A—B)	9,9954715
Somme.	L. cos. *d*. *d* =	64° 43′ 7″			9,6304970

Type du calcul de la formule XXII.

L. cot. h	0,9054925	L. sin. h	9,0911776
L. cot. h'	0,1318924	L. sin. h'	9,7736755
L. cos. Z	9,6465299	C. ar. L. cos. A	0,3828220
Somme.	0,6839148	*Id.*	0,3828220
Demi-somme. L. tang. A	0,3419574	Somme. L. cos. d	9,6304969
A =	65° 31′ 59″;	d = 64° 43′ 7″	Dist. ⊙ ☾.

Type du calcul de la formule XXVI.

h =	7° 5′ 10″	L. cos.	9,9966701	A =	30° 19′ 55″
h' =	36 25 50	L. cos.	9,9055677	2 A	60 39 50
$\frac{1}{2}$Z =	31 50 53,3	L. sin.	9,7223621		
		Id.	9,7223621	L. cos. 2 A	9,6901358
$h'-h$ =	29 20 40	C. ar. L. cos.	0,0596382	L. cos. $(h'-h)$	9,9403618
		Somme.	9,4066002;	Som. L. cos. d	9,6304976
		Demi-somme. L. sin. A	9,7033001	Dist. ⊙ ☾	64° 43′ 7″

Type du calcul de la formule XXVIII

$\frac{1}{2}$Z =	31° 50′ 53″,3	L. cos.	9,9291377	A =	26° 57′ 35″,5
		Id.	9,9291377	2 A =	53 55 10
h =	7 5 10	L. cos.	9,9966701		
h' =	36 25 50	L. cos.	9,9055677	L. cos. 2 A	9,7700550
$h'+h$ =	43 31 00	C. ar. L. cos.	0,1395577	L. cos. $(h'-h)$	9,8604423
		Somme.	9,9000709	Somme. L. cos. d	9,6304973
		Demi-somme. L. cos. A	9,9500354	d = dist. ⊙ ☾	64° 43′ 7″

Type du calcul de la formule XXXIV.

				A =	
h =	7° 5′ 10″	L. cos.	9,9966701	L. sin. $\frac{1}{2}(h'-h)$	9,4036163
h' =	36 25 50	L. cos	9,9055677	C. ar. L. cos. A	0,3249220
$h'-h$ =	29 20 40	Somme.	19,9022378	Som. L. sin. $\frac{1}{2}d$	9,7285383
$\frac{1}{2}(h'-h)$=	14 40 20	Demi-somme.	9,9511189	$\frac{1}{2}d$	32° 21′ 34″,5
$\frac{1}{2}$Z =	31 50 53,3	L. sin.	9,7223621	d =	64 43 8
		C. ar. L. sin. $\frac{1}{2}(h'-h)$	0,5963837		
		Somme. L. tang. A	0,2698647		

Type du calcul de la formule XXXVI.

h =	7° 5′ 10″	L. cos.	9,9966701	A =	
h' =	36 25 50	L. cos.	9,9055677	L. cos. A =	9,9411048
$h'-h$ =	29 20 40	Somme.	19,9022378	L. cos. $(h'-h)$ =	9,9856019
$\frac{1}{2}(h'-h)$=	14 40 20	Demi-somme.	9,9511189	Som. L. cos. $\frac{1}{2}d$ =	9,9267067
$\frac{1}{2}$Z =	31 50 53,3	sin.	9,7223621	$\frac{1}{2}d$ =	32° 21′ 33″,5
		C. ar. L. cos.	0,0143981	d =	64 43 7
		Somme. L. sin. A	9,6878791		

Type du calcul de la formule XXXVIII.

$h =$	7°	5'	10"	L. cos.	9,9966701	L. cos. $\left(\frac{h'+h}{2}\right)$	9,9679015
$h' =$	36	25	50	L. cos.	9,9055677	L. cos. A	9,7606369
$h'+h' =$	43	31	0	Somme.	19,9022370	Som. L. sin. $\frac{1}{2}d$	9,7285384
				Demi-somme.	9,9511189	$\frac{1}{2}d =$	32° 21' 33",5
$\frac{1}{2}$Z =	31	50	53,3	L. sin.	9,9291377	$d =$	64 43 7
$\frac{1}{2}(h'+h)$	24	45	30	C. ar. L. cos.	0,0320985		
				Somme. L. sin. A	9,9123551		

Type du calcul de la formule XL.

$h =$	7°	5'	10"	L. cos.	9,9966701	L. sin. $\frac{1}{2}(h+h')$	9,5600138
$h' =$	36	25	50		9,9055677	L. cos. A	9,6423080
$h+h' =$	43	31	0		19,9022370	Dif. cos. $\frac{1}{2}d$	9,9267058
$\frac{1}{2}$Z =	31	50	53,3		9,9511189	$\frac{1}{2}d =$	32° 21' 33",5
				L. cos. $\frac{1}{2}$Z	9,9291377	$d =$	64 43 7
$\frac{1}{2}(h+h')$	20	45	30	C. ar. sin.	0,4309862		
				Somme. L. tang. A.	0,3112428		

QUESTION V.

Connoissant la distance apparente de deux astres, leur hauteur apparente et leur hauteur vraie, trouver leur distance vraie.

Que ces deux astres soient le soleil et la lune, la solution seroit la même s'il s'agissoit de la lune et d'une étoile.

Solution.

Soient D, H et H' la distance et les hauteurs apparentes,
d, h et h' la distance et les hauteurs vraies;
$$P = D + H + H'; \quad p = d + h + h'.$$

1°. Les données étant D, H et H', calculez la différence Z en azimut, comme dans la question II, à l'aide des formules XXIII ou XXIV, XXX et XXXII.

2°. Les données étant Z, h et h', calculez la distance d comme dans la question IV, à l'aide des formules XXI, XXII, XXVI, XXVIII, XXXIV, XXXVI, XXXVIII et XL, et vous aurez la distance vraie.

Exemple.

Soient D = 64° 31' 20"; H = 7° 12' 10"; H' = 35° 42' 30";
$h = 7° 5' 10"$; $h' = 36° 25' 50"$.

1°. Les données D, H H' étant ici les mêmes que celles

(d, h h') de l'exemple de la question II, on a, suivant les calculs de cet exemple, $Z = 63° \; 41' \; 46'',6$.

2°. Les données Z h et h' étant ici les mêmes que celles de l'exemple de la question IV, on a, suivant les calculs de cet exemple, $d = 64° \; 43' \; 7''$. C'est la distance vraie.

On peut aussi substituer dans les formules qui donnent la distance d (question 4), au moyen des hauteurs et de l'angle au zénith, l'expression trigonométrique de cet angle, tirée des formules qui donnent cet angle au moyen des deux hauteurs et de la distance (question 2).

Ainsi la formule XXIII donne

$$\cos. Z = \frac{\cos. D}{\cos. H. \cos. H'} \times \left(1 - \frac{\sin. H. \sin. H'}{\cos. D.}\right).$$

Cette valeur de cos. Z étant substituée dans la formule XXII, donne

$$\cos. d = \sin. h. \sin. h' \left[1 + \frac{\cot. h. \cot. h'. \cos. D}{\cos. H. \cos. H'} \times \left(1 - \frac{\sin. H. \sin. H'}{\cos. D}\right)\right]. \text{(LI)}$$

Faites d'abord $\frac{\sin. H. \sin. H'}{\cos. D} = \overline{\sin. A}^2$,

puis $\frac{\cot. h. \cot. h'. \cos. D. \overline{\cos. A}^2}{\cos. H. \cos. H'} = \overline{\tang. B}^2$,

et vous aurez $\cos. d = \frac{\sin. h. \sin. h'}{(\cos. B)^2}$.

Si l'angle D est plus grand qu'un droit, cos. D, qui devient alors négatif, change la formule précédente en celle-ci :

$$\cos. d = -\sin. h. \sin. h' \times \left[-1 + \frac{\cot. h. \cot. h'. \cos. D}{\cos. H. \cos. H'} \times \left(1 + \frac{\sin. H. \sin. H'}{\cos. D}\right)\right]. \text{(LII)}$$

Faites d'abord $\frac{\sin. h. \sin. h'}{\cos. D.} = \overline{\tang. A}^2$, puis

$\frac{\cot. h. \cot. h' \cos. D}{\cos. H. \cos. H' (\cos. A)^2} = \overline{\text{sécante } B}^2 = \frac{1}{(\cos. B)^2}$, et vous aurez

$\cos. D = -\sin. h. \sin. h'. \overline{\tang. B}^2$.

Si l'angle D ne surpasse un angle droit que d'une très petite quantité, comme dix ou douze minutes, il est possible que l'angle d se trouve moindre qu'un droit ; dans ce cas la formule précédente doit être écrite ainsi :

$$\cos. d = \sin. h. \sin. h'. \left[1 - \frac{\cot. h. \cot. h'. \cos. D}{\cos. H. \cos. H'} \times \left(1 + \frac{\sin. H. \sin H'}{\cos. D.}\right)\right]. \text{(LIII)}$$

Faites d'abord $\frac{\sin. H. \sin. H'}{\cos. D} = \overline{\tang. A}^2$, puis

$\frac{\cot. h. \cot. H'. \cos. D}{\cos. H. \cos. H'. (\cos. A)^2} = (\sin. B)^2$, et vous aurez

$\cos. d = \sin. h. \sin. h'. (\cos. B)^2$.

De même la valeur de (sin $\frac{1}{2}$ Z)^2 donnée par la formule XXX, étant substituée dans la formule XXVI, vous aurez

$$(\cos.\tfrac{1}{2}d) = (\cos.h - h') + (1 -)\frac{2\cos.h.\cos.h'\sin.\overline{\tfrac{1}{2}P - H}.\sin.\overline{\tfrac{1}{2}P - H'}}{\cos.H.\cos.H'.(\cos.(h-h'))}).\ (LIV)$$

Faites $\frac{\cos.h.\cos.h'.\sin.\overline{\frac{1}{2}P - H}.\sin.\overline{\frac{1}{2}P - H'}}{\cos.H.\cos.H'\cos.\overline{(h-h')}} = \overline{\sin.A}^2$, et vous aurez

$$\cos.d = \cos.(h - h').(1 - 2\overline{\sin.A}^2) = \cos.(h-h') \times \cos.2A.$$

Si la distance apparente D surpasse 90°, la formule précédente doit être écrite ainsi :

$$\cos.d = -(\cos.\overline{h - h'}) \times \left(\frac{2\cos.h\ \cos.h'\sin.\overline{\tfrac{1}{2}P - H}.\sin.\overline{\tfrac{1}{2}P - H'}}{\cos.H.\cos.H'.(\cos.\overline{h - h'})} - 1\right).\ (LV)$$

Faites $\frac{\cos.h.\cos.h'.\sin.\frac{1}{2}\overline{P - H}.\sin.\frac{1}{2}\overline{P - H'}}{\cos.H.\cos.H'.(\cos.\overline{h - h'})} = (\cos.A)^2$, et vous aurez

$$\cos.d = -\cos.\overline{h - h'} \times \cos.2A.$$

Nous supposons qu'on ait $h > h'$; $\frac{1}{2}P > H$; $\frac{1}{2}P > H'$: si l'on avoit $h < h'$, il faudroit lire $h' - h$, au lieu de $h - h'$; pareillement il faudroit lire $H - \frac{1}{2}P$, $H' - \frac{1}{2}P$, si l'on avoit $\frac{1}{2}P < H$ et $\frac{1}{2}P < H'$. Ceci s'étend sur toutes les formules précédentes et sur les suivantes.

La même substitution de (sin. $\frac{1}{2}$ Z)^2 étant faite dans la formule XXXIV, on a

$$(\sin\tfrac{1}{2}d)^2 = \left(\sin.\frac{h - h'}{2}\right)^2 \times \left(1 + \frac{\cos.h.\cos.h'.\sin.\tfrac{1}{2}\overline{P - H}.\sin.\tfrac{1}{2}\overline{P - H'}}{\cos.H.\cos.H'\left(\sin.\frac{h - h'}{2}\right)^2}\right).\ (LVI)$$

Soit $\frac{\cos.h.\cos.h'.\sin.\frac{1}{2}\overline{P - H}.\sin.\frac{1}{2}\overline{P - H'}}{\cos.H.\cos.H'.\left(\sin.\frac{h - h'}{2}\right)^2} = \overline{\text{tang.}A}^2$, on aura

$$\sin.\tfrac{1}{2}d = \frac{\sin\frac{h - h'}{2}}{\cos.A} =$$

La même substitution étant faite dans la formule XXXVI, donne

$$(\cos.\tfrac{1}{2}d)^2 = \left(\cos.\frac{h - h'}{2}\right)^2 \times \left(1 - \frac{\cos.h.\cos.h'\sin.\tfrac{1}{2}\overline{P - H}\ \sin.\tfrac{1}{2}\overline{P - H'}}{\cos H.\cos.H'.\left(\cos.\frac{h - h'}{2}\right)^2}\right).\ (LVII)$$

Soit $\frac{\cos.h.\cos.h'.\sin.\frac{1}{2}\overline{P - H}.\sin.\frac{1}{2}\overline{P - H'}}{\cos.H.\cos.H'.\left(\cos.\frac{h - h'}{2}\right)^2} = \overline{\sin.A}^2$, on aura

$$\cos.\tfrac{1}{2}d = \cos.\frac{h - h'}{2}.\ \cos.A.$$

Pareillement la valeur de (cos. $\frac{1}{2}$Z)^2, tirée de la formule XXXII, étant substituée dans la formule XXVIII, donne

$$\cos.d = \cos.\overline{h + h'} \times \left(\frac{2\cos.h.\cos\ h'.\cos.\tfrac{1}{2}P.\cos.\tfrac{1}{2}\overline{P - D}}{\cos.H.\cos.H'.\cos.(h + h')} - 1\right).\ (LVIII)$$

Soit $\frac{\cos. h. \cos. h' \cos. \frac{1}{2} P. \cos. \frac{1}{2} \overline{P - D}}{\cos. H. \cos. H'. \cos. (h + h')} = \overline{\cos. A}^2$, on aura

$\cos. d = \cos. \overline{h + h'} \times \cos. 2 A.$

Si la distance apparente D surpasse 90°, la formule précédente s'écrira ainsi,

$$\cos. d = - \cos. \overline{h + h'} \times \left(1 - \frac{2 \cos. h. \cos. h'. \cos. \frac{1}{2} P. \cos. \frac{1}{2} \overline{P - D}}{\cos. H. \cos. H'. \cos. \overline{h + h'}}\right). \quad \text{(LIX)}$$

Faites $\frac{\cos. h. \cos. h'. \cos. \frac{1}{2} P. \cos. \frac{1}{2} \overline{P - D}}{\cos. H. \cos. H'. \cos. \overline{h + h'}} = \overline{\sin. A}^2$,

et vous aurez $\cos. d = - \cos. \overline{h + h'} \times \cos. 2 A.$

La même valeur, substituée dans la formule XXXVIII, donne

$$(\sin \tfrac{1}{2}. d)^2 = (\cos. \tfrac{h + h'}{2})^2 \times \left(1 - \frac{\cos. h. \cos. h'. \cos. \frac{1}{2} P. \cos. \frac{1}{2} \overline{P - D'}}{\cos. H. \cos. H'. (\cos. \frac{h + h'}{2})^2}\right). \quad \text{(LX)}$$

Soit $\frac{\cos. h. \cos. h'. \cos. \frac{1}{2} P. \cos. \frac{1}{2} \overline{P - D}}{\cos. H. \cos. H'. (\cos. \frac{h + h'}{2})^2} = \overline{\sin. A}^2$, on aura

$\sin. \frac{1}{2} d = \cos. \frac{h + h'}{2}. \cos. A.$

La même valeur, substiuée dans la formule XL, donne

$$(\cos. \tfrac{1}{2} d)^2 = (\sin. \tfrac{h + h'}{2})^2 \times \left(1 + \frac{\cos. h. \cos. h'. \cos. \frac{1}{2} P. \cos. \frac{1}{2} \overline{P - D}}{\cos. H. \cos. H'. (\sin. \frac{h + h'}{2})^2}\right). \quad \text{(LXI)}$$

Soit $\frac{\cos. h. \cos. h'. \cos. \frac{1}{2} P. \cos. \frac{1}{2} \overline{P - D}}{\cos. H. \cos. H'. (\sin. \frac{h + h'}{2})^2} = \overline{\text{tang. } A}^2$, on aura

$$\cos. \tfrac{1}{2} d = \frac{\sin. \frac{h + h'}{2}}{\cos. A}.$$

Les valeurs de cos. Z, de $\overline{\sin. \frac{1}{2} Z}^2$, et de $\overline{\cos. \frac{1}{2} Z}^2$, étant substituées comme il suit; savoir, la premiere, dans la formule XXI, la seconde, dans les formules XXV, XXXIII, XXXV, et la troisieme, dans les formules XXVII, XXXVII et XXXIX, donneroient onze autres formules qui, pour être commodément applicables, exigeroient le concours des sinus naturels et des logarithmes sinus. Par exemple, la substitution de $(\cos. \frac{1}{2} Z)^2$, dans la formule XXVII, donne

$$\cos. d = \frac{2 \cos. h. \cos. h'. \cos. \frac{1}{2} P. \cos. \frac{1}{2} \overline{P - D}}{\cos. H. \cos. H'} - \cos. \overline{h + h'}. \quad \text{(LXII)}$$

Soient $\frac{\cos. h. \cos. h'}{\cos. H. \cos. H'} = K$; cette quantité étant substituée dans les formules LIV et suivantes, on a

$$\cos. d = \cos. (h - h'). \left(1 - \frac{2 K. \sin. (\frac{1}{2} P - H). \sin. (\frac{1}{2} P - H')}{\cos. (h - h')}\right), \quad \text{(LXIII)}$$

$$\cos. d = -\cos. (h-h'). \left(\frac{2K. \sin. (\frac{1}{2}P-H) \sin. (\frac{1}{2}P-H')}{\cos. (h-h')} - 1\right). \quad (LXIV)$$

$$(\sin. \tfrac{1}{2}d)^2 = (\sin. \tfrac{h-h'}{2})^2 \times \left(1 + \frac{K. \sin. (\frac{1}{2}P-H) \sin. (\frac{1}{2}P-H')}{(\sin. \frac{h-h'}{2})^2}\right). \quad (LXV)$$

$$(\cos. \tfrac{1}{2}d)^2 = (\cos. \tfrac{(h-h')}{2})^2 . \left(1 - \frac{K. \sin. (\frac{1}{2}P-H). \sin (\frac{1}{2}P-H')}{(\cos. (\frac{h-h'}{2})^2)}\right). \quad (LXVI)$$

$$\cos. d = \cos. (h+h') \times \left(\frac{2K. \cos. \frac{1}{2}P. \cos. (\frac{1}{2}P-D)}{\cos. (h+h')} - 1\right). \quad (LXVIII)$$

$$\cos. d = -\cos. (h+h'). \left(1 - \frac{2K. \cos. \frac{1}{2}P. \cos. (\frac{1}{2}P-D)}{\cos. (h+h')}\right). \quad (LXIX)$$

$$(\sin. \tfrac{1}{2}d)^2 = (\cos. \tfrac{h+h'}{2})^2 \times \left(1 - \frac{K. \cos. \frac{1}{2}P. \cos. (\frac{1}{2}P-D)}{(\cos. \frac{h+h'}{2})^2}\right). \quad LXX.$$

$$(\cos. \tfrac{1}{2}d)^2 = (\sin. \tfrac{h+h'}{2})^2 \times \left(1 + \frac{K. \cos. \frac{1}{2}P. \cos. (\frac{1}{2}P-D)}{(\sin. \frac{h+h'}{2})^2}\right). \quad (LXXI)$$

$$\cos. d = 2K. \cos. \tfrac{1}{2}P. \cos. (\tfrac{1}{2}P-D) - \cos. (h+h'). \quad (LXXII)$$

Par d'autres transformations on pourroit tirer beaucoup d'autres formules, qui ne seroient guere plus commodes que les précédentes, et que je me dispense d'exposer. On en déduiroit encore davantage si l'on introduisoit les sinus verses et les cosinus verses. Parmi ces dernieres il s'en trouve quelques-unes qui ont certains avantages, mais qui supposent des tables que nous n'avons pas encore: je les passerai donc sous silence. On peut voir à ce sujet un ouvrage qui vient de paroître en Angleterre; il a pour titre, *Recherches sur les solutions des principaux problêmes de l'astronomie nautique*, par M. de Mendoza Yrios, imprimé à Londres en 1797. Voyez aussi un mémoire où la même théorie est exposée très rapidement dans le volume de la *Connoissance des temps* pour l'an 6 de la République française, par le citoyen l'Évêque, examinateur hydrographe de la marine.

Passons à l'application des formules précédentes.

Soient D, la distance apparente du soleil à la lune;
H, la hauteur apparente de la lune;
H', la hauteur vraie du soleil;
d, la distance vraie des deux astres;
h, la hauteur vraie de la lune;
h', la hauteur vraie du soleil;

au lieu de ces notations L. sin. L. cos. L. tang., etc. on écrira simplement sin., cos., tang., etc., en sous-entendant log., qu'il faut toujours concevoir placé en avant de ces expressions abrégées. De même, au lieu de C. ar. (complément arithmétique), on écrira le signe —, parcequ'ajouter le comp. arith. d'un log. ou ôter ce logarithme sont la même chose. Si par hasard on a besoin du sinus ou du co-sinus naturel, on écrira sin. nat., cos. nat., etc.

Exemple.

D =	102°	30′	0″				
H =	27	30	0;	h =	28°	18′	47″
H′ =	15	25	0;	h' =	15	21	43

Ici la distance D étant plus grande qu'un angle droit, on fera usage des formules XLII, XLV, XLVI, XLVII, XLIX, L, LI, LII.

Type du calcul de la formule LII.

sin. H	9,6644056	— cos. H	0,0520711
sin. H′	9,4246147	— cos. H′	0,0159148
— cos. D	0,6646832	cos. D	9,3353368
Somme.	19,7536835	— cos. A	0,0975525
Demi-somme tang. A	9,8768417	— cos. A	0,0975525
A =	36° 58′ 57″,8	— cot. h	0,2686220
— tang. B	0,1126600	— cot. h'	0,5610917
— tang. B	0,1126600	Somme.	0,4281414
sin. h	9,6760429	Demi-somme (— cos. B)	0,2140707
sin. h'	9,4231077	cos. B	9,7859293
Somme. cos. d	9,3244706	B =	52° 20′ 58″,4
d =	102° 11′ 10,8″.	C'est la distance corrigée.	

Type du calcul de la formule LV.

D =	102°	30′	0″				
H =	27	30	0	— cos. H	0,0520711	A =	38° 44′ 43″
H′ =	15	25	0	— cos. H′	0,0159148	2 A =	77 29 26
P =	145	25	0	cos. h	9,9446649		
$\frac{1}{2}$P =	72	42	30	cos. h'	9,9841994	cos. 2 A	9,3356596
$\frac{1}{2}$P — H =	45	12	30	sin.	9,8510584	cos. $h - h'$	9,9888093
$\frac{1}{2}$P — H′	57	17	30	sin.	9,9250191	Somme. cos. d	9,3244689
h	28	18	47	— cos. h—h'	0,0111907	d =	102° 11′ 10,6″
h'	15	21	43	Somme.	19,7841184	C'est la distance corrigée.	
$h - h'$	12	57	4	cos. A	9,8920592		

Type du calcul de la formule LVI.

D =	102°	30′	0″				
H =	27	30	0	— cos. H	0,0520711	A =	81° 40′ 6″,55
H′ =	15	25	0	— cos. H′	0,0159148		
P =	145	25	0	cos. h	9,9446649	sin. $\frac{h-h}{2}$	9,0522294
½P =	72	42	30	cos. h'	9,9841994	cos. A	9,1611559
½P — H =	45	12	30	sin.	9,8510584	Dif. sin. ½ d	9,8910735
½P — H′ =	57	17	30	sin.	9,9250191	½ d =	51° 5′ 35″,4
h	28	18	47	— sin. $\frac{h-h}{2}$	0,9477706	d =	102 11 10,8
h'	15	21	43	*Id.*	0,9477706	C'est la distance corrigée.	
$h - h'$	12	57	4	Somme.	21,6684689		
$\frac{h-h'}{2}$	6	28	32	½ Som. tang. A.	10,8342344		

Autre type du même calcul.

D =	102°	30′	0″				
H =	27	30	0	— cos. H	0,0520711		
H′ =	15	25	0	— cos. H′	0,0159148		
P =	145	25	0	cos. h	9,9446649		
½P =	72	42	30	cos. h'	9,9841994		
½P — H	45	12	30	sin.	9,8510584		
½P — H′	57	17	30	sin.	9,9250191		
h	28	18	47	Somme.	39,7729277		
h'	15	21	43	Demi-somme.	19,8864638		
						Dif.	10,8342344 tang. A
$\frac{h-h'}{2}$	6	28	32	sin.	9,0522294		
						A =	81° 40′ 0″,55
$h - h'$	12	57	4	cos. A	9,1611559		
	Différence.			sin. ½ d	9,8910735	½ d =	51 5 35,4
					Distance corrigée	d	102 11 10,8

Type du calcul de la formule LVII.

D =	102°	30′	0″				
H	27	30	0	— cos. H	0,0520711		
H′	15	25	0	— cos. H′	0,0159148		
P	145	25	0	cos. h	9,9446649		
½P	72	42	30	cos. h'	9,9841994		
½P — H	45	12	30	sin.	9,8510584		
½P — H′	57	17	30	sin.	9,9250191		
h	28	18	47	Somme.	39,7729277		
h'	15	21	43	Demi-somme.	19,8864638		
						Dif.	9,8892435 sin. A
$\frac{h-h'}{2}$	6	28	32	cos. $\frac{h-h'}{2}$	9,9972903		
						A =	50° 47′ 44″,2
$h - h'$	12	57	4	cos. A	9,8007785		
				cos. ½ d Somme.	9,7979988	½ d =	51° 5′ 35″,3
d =	102	11	10,6	Distance corrigée.			

Type du calcul de la formule LIX.

$D =$	102°	30′	0″				
$H =$	27	30	0	— cos. H	0,0520711	$A =$	36° 30′ 55″,4
$H' =$	15	25	0	— cos. H'	0,0159148	$2A =$	73 1 50,8
				cos. h	9,9446649	cos. $\overline{h+h'}$	9,8592996
Somme. P	145	25	0	cos. h'	9,9841994	cos. $2A$	9,4651715
$\frac{1}{2}P$	72	42	30	cos. $\frac{1}{2}P$	9,4731014	Somme.	9,3244711 =
$\frac{1}{2}P - D$	29	47	30	cos. $\overline{\frac{1}{2}P - D}$	9,9384385	cos. d.	
h	28	18	47	— cos. $\overline{h+h'}$	0,1407004	$d =$	102° 11′ 10″,8
h'	15	21	43	Somme.	39,5490905	Distance corrigée.	
$h + h'$	43	40	30	$\frac{1}{2}$ som. sin. A	9,7745452		

Type du calcul de la formule LX.

$D =$	102°	30′	0″				
$H =$	27	30	0	— cos.	0,0520711		
$H' =$	15	25	0	— cos.	0,0159148		
P	145	25	0		. . . . . .		
$\frac{1}{2}P$	72	42	30	cos.	9,4731014		
$\frac{1}{2}P - D$	29	47	30	cos.	9,9384385		
h	28	18	47	cos.	9,9446649		
h'	15	21	43	cos.	9,9841994		
$h + h'$	43	40	30	Somme.	39,4083901		
				Demi-somme.	19,7041950		
						Dif.	9,7365335 sin. A
$\frac{h+h'}{2}$	21	50	15	cos.	9,9676615		
						$A =$	33° 2′ 11″
				cos. A	9,9234122		
			Somme.	sin. $\frac{1}{2}d$	9,8910737	$\frac{1}{2}d =$	51° 5′ 35″,5
$d =$	102°	11′	11″	Distance corrigée.			

Type du calcul de la formule LXI.

$D =$	102°	30′	0″				
$H =$	27	30	0	— cos.	0,0520711		
$H' =$	15	25	0	— cos.	0,0159148		
$P =$	145	25	0		. . . . . .		
$\frac{1}{2}P =$	72	42	30	cos.	9,4701014		
$\frac{1}{2}P - D =$	29	47	30	cos.	9,9384385		
$h =$	28	18	47	cos.	9,9446649		
$h' =$	15	21	43	cos.	9,9841994		
$h + h$	43	40	30	Somme.	39,4083901		
						Dif.	10,1336808 tang. A
				Demi-somme.	19,7041950		
						$A =$	53° 40′ 55″,6
$\frac{h+h'}{2}$	21	50	15	sin.	9,5705142		
				cos. A	9,7725159		
			Dif.	cos. $\frac{1}{2}d$	9,7979983	$\frac{1}{2}d =$	51° 5′ 35″,4
			Distance corrigée	$d =$	102° 11′ 10″,8		

Type du calcul de la formule LXII.

D =	102°	30′	0″		
H =	27	30	0	— cos.	0,0520711
H′ =	15	25	0	— cos.	0,0159148
P =	145	25	0	Log. 2	0,3010300
$\frac{1}{2}$P =	72	42	30	cos.	9,4701014
$\frac{1}{2}$P—D =	29	47	30	cos.	9,9384385
h	28	18	47	cos.	9,9446649
h′	15	21	43	cos.	9,9841994
h + *h*′	43	40	30	Somme.	9,7094201 = Log N.

L. cos. $\overline{h + h'}$	9,8592996	cos. naturel	— 0,7232686
		N =	+ 0,5121770
	Dif.	cos. nat. *d*.	— 0,2110916
L. cos. *d*.	9,3244710	Dist. corr. *d* =	102° 11′ 10″,8

L'application des formules précédentes à un même exemple offre sur un même tableau le degré de simplicité de chacune, et met en droit de conclure que; 1°. la formule LII doit être rejetée, comme exigeant plus de calcul que les autres. Il en est de même des formules LI et LIII, qui n'en different que par les signes.

2°. Les formules suivantes exigent, à peu de chose près, autant de calcul les unes que les autres: mais, parmi ces formules, il en est quatre qui me paroissent moins que les autres mériter d'être proposées aux marins; ce sont les formules LIV et LV, LVIII et LIX, parcequ'il faut faire un choix de ces formules, et que, dans certains cas, ce choix peut être douteux.

3°. Il reste les formules LVI, LVII, LX et LXI, dont les deux premieres exigent une opération de plus que les deux autres. Cette opération, qui n'est qu'une simple soustraction, est peu de chose, il est vrai; mais elle suffit pour faire pencher la balance en faveur des deux autres.

4°. Enfin les formules LX et LXI ne different l'une de l'autre que par la derniere opération, qui est une addition de deux logarithmes dans la formule LX, et une soustraction dans la formule LXI. Or les astronomes et les marins, qui font a chaque instant usage des compléments arithmétiques pour ramener à l'addition, autant qu'il est possible, toutes leurs opérations, et mettre par-là une certaine uniformité dans leurs calculs, sont plus habitués à l'addition qu'à la soustraction. Ainsi la formule LX, qui est celle du citoyen Borda, approche plus que toute autre de cette uniformité par laquelle on est moins exposé aux erreurs : elle mérite donc d'être préférée à toutes celles qui donnent la longitude par le moyen de la distance des deux astres.

Si l'on construit des tables qui donnent immédiatement le logarithme de K, les formules LXIII et suivantes fourniront des méthodes plus simples que les précédentes. Les Anglais ont fait ce travail. Il en est résulté un volume *in-octavo*, qui a pour titre, *Tables requisites*, etc. La méthode qu'on y propose est l'application de la formule LXVI, qu'on a dérivée de celle-ci :

$$\cos.\ d = \cos.\ (h - h') - K\,(\cos.\ (H - H) - \cos.\ D),$$

qui est celle de Duntorne.

L'application de la formule LXX, qui est celle du citoyen Borda, accommodée à l'usage des mêmes tables, est encore préférable à la méthode anglaise, puisque dans celle-ci il y a une soustraction de plus que dans la méthode de Borda.

La formule LXII seroit peut-être autant applicable que la LX, si nous avions des tables où les sinus naturels fussent calculés, comme leurs logarithmes, de dix en dix secondes : mais si nous avions de telles tables, le citoyen Borda, qui, pour arriver à la formule LX, a dû passer par la LXII, se seroit probablement arrêté à cette derniere. En effet on arrive de l'une à l'autre par la voie de substitution, qui se fait à l'aide des deux égalités

$$1 - \overline{\sin.\tfrac{1}{2}d}^2 = \cos.\ d;\quad 2\left(\cos.\tfrac{h+h'}{2}\right)^2 - 1 = \cos.\ \overline{h+h'}.$$

Les types du calcul de la formule LX et de la LXII font voir que la derniere demande qu'on cherche onze fois dans les tables, tandis que neuf fois suffisent pour la premiere.

Un astronome infatigable, le citoyen Delambre, qui s'est beaucoup occupé du problême des longitudes, a trouvé une vingtaine de formules susceptibles d'une application plus ou moins facile : la formule LXII est une de celles qu'il a trouvées à sa maniere et à laquelle il paroît donner la préférence.

Le citoyen de Lalande, qui a traité cette matiere avec beaucoup de détail dans la troisieme édition de son *Astronomie* (en 1792), y a rassemblé les meilleures méthodes, celle entre autres de Borda, dont il fait voir la simplicité. Il y donne aussi celle du citoyen Delambre, dont le calcul, suivant le type qu'il en donne, paroît au premier coup-d'œil plus court que celui du citoyen Borda. Cela vient de ce qu'il n'y met que les sinus naturels dont il a besoin, sans les déduire de leurs logarithmes, comme on le voit au type du calcul de la formule LXII.

J'ai employé beaucoup de temps à la recherche de la meilleure méthode pour résoudre la même question. J'en ai trouvé beaucoup auxquelles j'ai comparé toutes celles que je connoissois déja, et toutes celles qui depuis me sont parvenues. J'ai trouvé beaucoup d'analogie, ou même de l'identité entre la plupart de ces méthodes et celles que j'avois trouvées à ma manière. Ce temps passé à rechercher ce que d'autres ont pu, peuvent ou pourront trouver comme moi, n'est point entièrement perdu, puisqu'il me met en droit de conclure que de toutes les méthodes directes imaginées jusqu'à présent, et peut-être imaginables, pour trouver par le calcul les longitudes par le moyen des distances, celle du citoyen Borda me paroît mériter la préférence.

Mais un avantage qui m'a paru plus particulier à la méthode de Borda qu'à beaucoup d'autres, c'est que, dans les cas où une erreur de quelques secondes seroit estimée ne point tirer à conséquence, le temps du calcul pourroit être diminué très sensiblement : alors on n'auroit besoin que des cinq premieres décimales des logarithmes, sinus, etc. ; on pourroit négliger les unités de secondes, et dans les données du problême, et dans les résultats pris dans les tables à vue, et sans aucun calcul de parties proportionnelles ; et l'on auroit la distance corrigée à quatre ou cinq secondes d'erreur au plus.

Cette proposition a-t-elle besoin d'être confirmée par quelques exemples ? en voici :

Exemple Ier.

D	=	102°	30′	0″				
H	=	27	30	0	— cos.	0,05207		
H′	=	15	25	0	— cos.	0,01591		
P	=	145	25	0		. . . . .		
$\frac{1}{2}$P	=	72	42	30	cos.	9,47310		
$\frac{1}{2}$P − D	=	29	47	30	cos.	9,93844		
h	=	28	18	50	cos.	9,94466		
h'	=	15	21	40	cos.	9,98420		
					Somme.	39,40838		
$h+h'$	=	43	40	30	Demi-somme.	19,70419	Dif. 9,73653	sin. A
$\frac{h+h'}{2}$	=	21	50	15	cos.	9,96766		
					cos. A	9,92341		
					Somme. sin. $\frac{1}{2}d$	9,89107		

$\frac{1}{2}d$ = 51° 5′ 35″, d = 102° 11′ 10″

Exemple II.

D	=	116°	39′	0″				
H	=	18	52	50	—	cos.	0,02402	
H′	=	44	27	10	—	cos.	0,14641	
P	=	179	59	0			. . . . .	
½P	=	89	59	30		cos.	6,16270	
½P—D	=	26	39	30		cos.	9,95119	
h		18	56	20		cos.	9,97609	
h'		45	6	50		cos.	9,84862	
$h+h'$		63	57	10		Somme.	36,10901	
						Demi-somme.	18,05451	
								Dif. 8,12598 sin. A
$\frac{h+h'}{2}$		31	58	35		cos.	9,92853	
						cos. A	9,99996	
					Somme.	sin. ½d	9,92849	
½d	=	58	0	55		d =	116° 1′ 50″	

Exemple III.

D	=	108°	42′	0″				
H		54	12	0	—	cos.	0,23288	
H′		6	27	30	—	cos.	0,00276	
P		169	21	30			. . . . .	
½P		84	49	45		cos.	8,96723	
½P—D		24	1	15		cos.	9,96066	
h		54	43	40		cos.	9,76152	
h'		6	20	0		cos.	9,99734	
$h+h'$		61	3	40		Somme.	38,92239	
						Demi-somme.	19,46119	
								Dif. 9,52601 sin. A
$\frac{h+h'}{2}$		30	31	50		cos.	9,93518	
						cos. A	9,97403	
					Somme.	sin. ½d	9,90921	
½d	=	54	13	45		d =	108° 27′ 30″	

Exemple IV.

Soient D = 64° 31′ 20″; H = 35° 42′ 30″; H′ = 7° 12′ 10″; h = 36° 25′ 50″; h' = 7° 5′ 10″.

En opérant comme dans le type de la formule L, on trouve d = 64° 43″ 4′; en opérant comme aux exemples précédents, il vient d = 64° 43′ 10″.

Exemple V.

Les données étant D = 78° 44′; H = 35° 40′; H′ = 8° 30′; h = 36° 26′; h' = 8° 24′,
on trouve, comme ci-dessus, d = 78° 45′ 38″ exactement,
d = 78° 45′ 40″ à-peu-près.

Exemple VI.

Les données étant $D = 129^\circ\ 38'$; $H = 10^\circ\ 27'$; $H' = 2^\circ\ 50'$; $h = 11^\circ\ 19'$; $h' = 2^\circ\ 35'$,
on trouve $d = 129^\circ\ 20'\ 47''$ exactement,
$d = 129^\circ\ 28'\ 50''$ à-peu-près.

Sans multiplier davantage les exemples, je crois pouvoir conclure de ceux qui précedent, et de beaucoup d'autres que je ne joins pas ici, que l'erreur ne monte jamais à plus de cinq secondes. Elle est de $1''$ dans le premier exemple ; de $2''$ dans le second, le troisieme et le cinquieme ; de $3''$ dans le sixieme, et de $4''$ dans le quatrieme.

Avec tant soit peu d'attention on peut faire en sorte que l'erreur ne surpasse pas $3''$ et même $2''$: cette attention consiste à jeter un coup-d'œil sur les derniers chiffres qu'on néglige, à faire refluer une unité sur le dernier de ceux qu'on écrit, si le nombre qu'on néglige surpasse 0,50 ; à voir s'il se fait à-peu-près une compensation d'erreur. Si toutes les erreurs se font dans le même sens, par une légère faute commise volontairement on pourra obtenir une compensation factice : par exemple si, en négligeant 0,43, je vois qu'il faille encore négliger 0,47, je fais refluer une unité pour compenser l'erreur de 0,90, somme des deux erreurs 0,43 et 0,47.

Quoiqu'on néglige les unités de secondes, cependant, en prenant la demi-somme $\frac{1}{2}$ P de la distance et des hauteurs apparentes, ou la demi-somme des hauteurs vraies $\frac{h+h'}{2}$, il peut venir cinq unités de secondes, dont il faut tenir compte en écrivant le logarithme cos. de ces angles. Ainsi, dans le premier exemple, j'ai trouvé $\frac{h+h'}{2} = 21^\circ\ 50'\ 15''$. La table donne,

pour L. cos. $21^\circ\ 50'\ 10''$, 9,9676657 ;
et pour L. cos. $21^\circ\ 50'\ 20''$, 9,9676573 :

par où l'on voit, et sans aucun calcul, qu'on doit écrire 9,96756, qui tient un certain milieu entre les deux logarithmes des tables.

Il n'est pas nécessaire d'écrire l'angle subsidiaire A ; dès qu'on a trouvé son log. sinus, on prend sur la même ligne, et parmi les cosinus, le log. cosinus qui s'y trouve, et qu'on écrit sous log. cos. $\frac{h+h'}{2}$.

Enfin, quand on cherche l'angle correspondant à sin. $\frac{1}{2}d$, si ce logarithme sinus est moyen entre ceux qui en approchent le plus, on prend un moyen entre les angles correspondants. Ainsi 9,89107 = L. sin. $\frac{1}{2}$ *d* (*ex. I*), étant à-peu-près moyen entre 9,89106 et 9,89108, qui répondent à 51° 5′ 30″ et 51° 5′ 40″; j'en conclus $\frac{1}{2}$ *d* = 51° 5′ 35″.

Si le log. sinus n'est pas moyen entre ceux des tables qui en approchent le plus, on remarquera vers quel log. sinus il approche le plus, et l'on prendra, non pas un moyen entre les deux angles, mais un nombre de degrés qui approche le plus de l'angle correspondant au plus voisin log. sin. que de l'autre angle.

Dans l'exemple IV, j'ai trouvé pour sin. $\frac{1}{2}$*d*, 9,72854; j'ai conclu $\frac{1}{2}$ *d* = 32° 21′ 35″. J'aurois pu conclure $\frac{1}{2}$ *d* = 32° 21′ 34″, parceque 9,72854 est compris entre 9,7285264 et 9,7285596, et qu'il est plus près du premier, qui répond à 32° 21′ 30″, que du suivant, qui répond à 32° 21′ 40″.

Concluons de tout ce qui précede, qu'avec un peu d'habitude on peut avoir la distance réduite à moins de 5 secondes, en négligeant les unités de secondes dans les données quand elles ne sont pas trop près de 5″, et les deux dernieres figures dans les logarithmes. Lors même qu'on ne voudroit rien négliger, on pourroit faire abstraction de la derniere figure des log. sin. Alors on feroit juste le calcul qui convient à la précision d'une demi-seconde : le calcul des parties proportionnelles en deviendroit plus facile.

ADDITION

A LA RÉSOLUTION DES TRIANGLES SPHÉRIQUES.

La résolution des triangles sphériques rectangles est fondée sur six analogies, qu'il seroit bon d'avoir toujours présentes à la mémoire pour être en état de résoudre toutes les questions qu'on peut se proposer sur cet objet: mais cette opération de la mémoire n'étant pas sans difficulté, les géometres ont cherché et ont trouvé des moyens de la soulager.

Le premier de ces moyens est le triangle complémentaire *(Bezout 352)*, dont l'usage n'exige que la connoissance de deux des six analogies dont il vient d'être question, et qui a la propriété de faire retrouver les quatre autres. Le second est un théoréme dont l'énoncé est simple et facile à retenir. Nous en sommes redevables au célebre Néper. Ce moyen me paroît plus commode que le premier, dont l'usage a pourtant prévalu. Cela vient peut-être de ce que Néper ne s'est pas assez attaché à expliquer ce qu'il entend par ces mots, *partie moyenne*, *parties adjacentes*, *parties séparées*. Cette omission laisse de l'obscurité dans l'énoncé du théoréme, et de l'embarras dans ses applications. Voyons s'il n'est pas possible d'éclaircir cet objet.

Un triangle sphérique rectangle est composé de cinq parties; savoir, d'une hypoténuse, de deux côtés, et de deux angles.

Nous ne rangeons pas l'angle droit parmi les parties du triangle, parcequ'il n'est ici question que des parties variables. Ce mot *variable* sera toujours sous-entendu quand nous parlerons des parties d'un triangle. Par ces mots *côtés* nous désignerons les côtés de l'angle droit, et par ces mots *angles*, les angles obliques.

Lorsque deux parties sont situées de maniere qu'une troisieme partie se trouve comprise entre ces parties, on les nomme *parties séparées*; s'il n'y a aucune partie entre elles, on les appelle *parties adjacentes*.

Passons à la recherche du théoréme de Néper.

Soit ZpL (*fig.* 6) un triangle sphérique rectangle en p, Bezout démontre les deux analogies suivantes, articles 350 et 351:

r : sin. Z :: sin. ZL : sin. pL ; (I)
r : sin. Lp :: tang. L : tang. pZ. (IV)

Soit Lqn un des triangles complémentaires de ZpL, en appliquant les analogies précédentes à ce triangle, il vient

r : sin. n :: sin. Ln : sin. Lq ;
r : sin. L :: sin. Ln : sin. nq ;
r : sin. Lq :: tang L : tang. nq ;
r : sin. nq :: tang. n : tang. Lq.

En vertu des propriétés du triangle complémentaire (352), on peut passer du triangle Lqn au triangle ZpL ; alors il vient

r : cos. pZ :: cos pL : cos. ZL; (II)
r : sin. L :: cos. Lp : cos. Z; (III)
r : cos. ZL :: tang. L : cot. Z ; (V)
r : cos. Z :: cot. pZ : cot. LZ. (VI)

Voilà les six analogies nécessaires à la résolution des triangles rectangles. Mettons dans la quatrieme, dans la cinquieme, et dans la sixieme, $\frac{rr}{\text{cot. L}}$, $\frac{rr}{\text{cot. L}}$, $\frac{rr}{\text{tang. } p \text{ Z}}$, au lieu de tang. L, de tang L., et de cot. p Z, il viendra

sin Z : r :: sin. pL : sin. ZL ; (1)
cos. pZ : r :: cos. ZL : cos. pL; (2)
sin. L : r :: cos. Z : cos. pL; (3)
cot. L : r :: sin. Lp : tang. pZ ; (4)
cot. L : r :: cos. ZL : cot. Z ; (5)
tang. p Z : r :: cos Z : cot. LZ. (6)

Observons que dans les analogies 1 et 4, qui ne sont point déduites du triangle complémentaire, les moyens sont le rayon, d'une part, et de l'autre le sinus d'un des côtés de l'angle droit ; tandis que, dans les quatre autres, c'est le cosinus de l'hypoténuse ou d'un des angles qui est un des moyens. Faisons donc en sorte que des cosinus et le rayon fassent par-tout les fonctions des moyens. Pour cela il faut substituer aux côtés de l'angle droit les compléments de ces côtés. Nous aurons, en désignant par (1 — pZ), et par (1 — pL), les complements de p Z et de pL.

sin. Z : r :: cos. (1 — pL) : sin. ZL; (7)
sin. (1 — p Z) : r :: cos. ZL : sin. (1 — pL); (8)

sin. L : r :: cos. Z : sin. (1 — pL); (9).
cot. L : r :: cos. (1 — pL) : cot. (1 — pZ); (10)
cot. L : r :: cos. ZL : cot. Z; (11)
cot. (1 — pZ) : r :: cos. Z : cot. LZ. (12)

Nous avons fait en sorte que, dans nos six analogies, les moyens fussent le rayon, d'une part, et de l'autre, un cosinus. Nous nommerons donc partie moyenne la partie du triangle dont le cosinus fait avec le rayon la fonction des moyens. Les deux autres parties du même triangle pourront être nommées parties extrêmes. Cela posé, remarquons que, dans les analogies 7, 8 et 9, les parties extrêmes sont toutes deux séparées de la partie moyenne. Ainsi, dans la septieme, où la partie moyenne est 1 — pL, ou simplement pL, l'angle Z est séparé de pL, puisqu'il lui est opposé, et l'hypoténuse ZL en est séparée par l'angle L.

Remarquons en second lieu que, dans les analogies 10, 11 et 12, les parties extrêmes sont toutes deux adjacentes à la partie moyenne. Ainsi, dans la dixieme, où la partie moyenne est pL, l'angle L lui est adjacent, puisqu'il lui est contigu; et pZ lui est aussi adjacent, puisqu'il n'y a entre eux que l'angle droit, qui n'est point une partie variable du triangle.

Nous pouvons donc conclure des analogies 7, 8 et 9, que,

Le rectangle du sinus total par le cosinus de la partie moyenne est égal au produit des sinus des parties séparées;

Et des analogies 10, 11 et 12, que

Le même rectangle est égal au produit des cotangentes des parties adjacentes.

De ces deux égalités résulte le théorême de Néper. On l'énonce ainsi:

THÉORÊME.

Dans tout triangle sphérique rectangle, si, au lieu des côtés de l'angle droit, on substitue les compléments de ces côtés, on aura toujours le rectangle du sinus total par le cosinus de la partie moyenne, égal au produit des sinus des parties séparées, ou au produit des cotangentes des parties adjacentes.

L'application de ce théorême est très facile; mais elle a besoin d'être expliquée.

D'abord, parmi les trois parties du triangle, dont deux sont connues et la troisieme à trouver, il faut choisir la partie moyenne. Ce choix n'est ni douteux ni difficile. Il faut la choisir telle que les deux autres lui soient toutes deux adjacentes, ou qu'elles en soient toutes deux séparées : ce qui sera toujours possible, et même facile, comme on va le voir.

La résolution des triangles sphériques rectangles roule sur les six questions suivantes.

QUESTION PREMIERE.

Connoissant l'hypoténuse et un côté, trouver, 1°. l'autre côté, 2°. l'angle compris, 3°. l'autre angle.

Premier cas. Ici l'hypoténuse doit être la partie moyenne, puisque les deux côtés en sont séparés par les deux angles.

L'application du théoréme à ce cas donne

$$r \times \text{cos. } LZ = \text{sin. } (1 - pZ \times \text{sin. } (1 - pZ).$$

C'est la huitieme analogie.

Quand le théoréme a fait trouver l'analogie qui résoud la question, on restitue les côtés de l'angle droit, en substituant cos. à sin, sin. à cos., et tang. à cot. Dans le cas présent il vient

$r \times \text{cos. } LZ = \text{cos. } pZ \times \text{cos. } pL.$ C'est la seconde.

Deuxieme cas. Ici c'est l'angle cherché qui est la partie moyenne, puisqu'étant compris entre l'hypoténuse et le côté donné, ces deux parties lui sont adjacentes ; et l'on a, en vertu du théoréme,

$r \times \text{cos. } Z = \text{cot. } ZL. \text{ cot. } (1 - pZ.$ C'est la douzieme ;)

ou $r \times \text{cos. } Z = \text{cot. } ZL \times \text{tang. } pZ.$ C'est la sixieme.

Troisieme cas. Ici c'est le côté donné qui est la partie moyenne, car l'hypoténuse en est séparée par un angle, et l'angle cherché en est séparé, parcequ'il lui est opposé. On a

$r \times \text{cos. } (1 - pL) = \text{sin. } Z \times \text{sin. } ZL.$ C'est la septieme ;

ou $r \times \text{sin. } pL = \text{sin. } Z \times \text{sin. } ZL.$ C'est la premiere.

Dans les deux premiers cas, les données sont l'hypoténuse LZ et le côté pZ ; mais dans le troisieme cas, afin que l'application du théoréme donnât mot à mot la septieme analogie, au côté pZ, j'ai substitué le côté pL. Si j'avois conservé les mêmes données, j'aurois eu,

$$r \times \cos(1 - pZ) = \sin. L \times \sin. ZL,$$

ou $r \times \sin. pZ = \sin. L \times \sin. ZL$,

qui donne cette analogie qui est la premiere.

Le rayon est au sinus de l'hypoténuse comme le sinus d'un angle est au sinus du côté opposé.

Il m'arrivera de faire de semblables substitutions : ainsi j'aurai soin de souligner le terme inconnu, afin qu'on reconnoisse les données.

Question II.

Connoissant les deux côtés, trouver, 1°. l'un des angles, 2°. l'hypoténuse.

Premier cas. Ici c'est le côté adjacent à l'angle cherché qui est la partie moyenne ; car l'angle cherché lui est adjacent, et l'autre côté en est aussi partie adjacente, puisqu'il n'en est séparé que par l'angle droit, qui n'est point une partie variable, et qui partant ne sépare point les parties entre lesquelles il se trouve situé. On a

$r \times \cos.(1 - pL) = \cot. L \times \cot.(1 - pZ)$. C'est la dixieme ;

ou $r \times \sin. pL = \underline{\cot. L} \times \text{tang.}\, pZ$. C'est la quatrieme.

Deuxieme cas. Ici l'hypoténuse est la partie moyenne, parceque les côtés en sont séparés par les angles. On a donc

$r \times \cos. ZL = \sin.(1 - pZ) \times \sin(1 - pL)$. C'est la huitieme ;

ou $r \times \underline{\cos. ZL} = \cos. pZ \times \cos. pL$. C'est la seconde.

Question III.

Connoissant l'hypoténuse et un angle, trouver, 1°. l'autre angle, 2°. le côté adjacent à l'angle, 3°. le côté opposé à l'angle.

Premier cas. Ici l'hypoténuse est la partie moyenne, l'angle donné et l'angle cherché en sont les parties adjacentes, et l'on a

$r \times \cos. ZL = \cot. Z \times \underline{\cot. L}$. C'est la onzieme et la cinquieme.

Deuxieme cas. Ici l'angle donné est la partie moyenne ; l'hypoténuse et le côté cherché en sont les parties adjacentes. On a

$r \times \cos. Z = \cot. LZ \times \underline{\cot. (1 - pZ)}$. C'est la douzieme ;

ou $r \times \cos. Z = \cot. LZ \times \underline{\tan g. pZ}$. C'est la sixieme.

Troisieme cas. Ici le côté cherché est la partie moyenne ; l'hypoténuse et l'angle en sont les parties séparées. On a

$r \times \cos. \underline{(1 - pL)} = \sin. Z. \times \sin. ZL$. C'est la septieme.

ou $r \times \underline{\sin. pL} = \sin. Z \times \sin. ZL$. C'est la premiere.

QUESTION IV.

Connoissant un côté et l'angle adjacent, trouver, 1°. *l'autre côté,* 2°. *l'autre angle,* 3°. *l'hypoténuse.*

Premier cas. Ici le côté connu est la partie moyenne ; l'angle connu et le côté cherché en sont les parties adjacentes. On a

$r \times \cos. (1 - pL) = \cot. L \times \underline{\cot. (1 - pZ)}$. C'est la dixieme ;

ou $r \times \sin. pL = \cot. L. \times \underline{\tan g. pZ}$. C'est la quatrieme.

Deuxieme cas. Ici l'angle cherché est la partie moyenne ; le côté et l'angle donnés en sont les parties séparées. On a

$r \times \underline{\cos. Z} = \sin. L. \times \sin. (1 - pL)$. C'est la neuvieme ;

ou $r \times \underline{\cos. Z} = \sin. L \times \cos. pL$. C'est la troisieme.

Troisieme cas. Ici c'est l'angle donné qui est la partie moyenne ; le côté connu et l'hypoténuse en sont les parties adjacentes.

On a $r \times \cos. Z = \cot. LZ \times \cot. (1 - pZ)$. C'est la douzieme ;

ou $r \times \cos. Z = \underline{\cot. LZ} \times \tan g. pZ$. C'est la sixieme.

QUESTION V.

Connoissant un côté et l'angle opposé, trouver, 1°. *l'autre côté,* 2°. *l'autre angle,* 3°. *l'hypoténuse.*

Premier cas. Ici le côté cherché est la partie moyenne ; l'angle et le côté donnés en sont les parties adjacentes, On a

$r \times \underline{\cos. (1 - pL)} = \cot. L \times \cot. (1 - pZ.)$ C'est la dixieme ;

ou $r \times \underline{\sin. pL} = \cot. L \times \tan g. pZ$. C'est la quatrieme.

Deuxieme cas. Ici l'angle donné est la partie moyenne; le côté donné et l'angle cherché en sont les parties séparées. On a

$r \times$ cos. Z $=$ sin. L $\times$ sin. $(1 - p$L$)$. C'est la neuvieme;

ou $r \times$ cos. Z $=$ sin. L $\times$ cos. pL. C'est la troisième.

Troisieme cas. Ici le côté donné est la partie moyenne; l'angle et l'hypoténuse en sont les parties séparées. On a

$r \times$ cos. $(1 - p$L$)$ $=$ sin. Z $\times$ sin. ZL. C'est la septieme.

ou $r \times$ sin. pL $=$ sin. Z $\times$ sin. Z L. C'est la premiere.

QUESTION VI.

Connoissant les deux angles, trouver, 1°. l'un des côtés, 2°. l'hypoténuse.

Premier cas. Ici l'angle opposé au côté cherché est la partie moyenne; ce côté et l'autre angle en sont les parties séparées. On a

$r \times$ cos. Z $=$ sin. L $\times$ sin. $(1 - p$L.$)$ C'est la neuvieme;

ou $r \times$ cos. Z $=$ sin. L $\times$ cos. pL. C'est la troisieme.

Deuxieme cas. Ici l'hypoténuse est la partie moyenne; les deux angles en sont les parties adjacentes. On a

$r \times$ cos. ZL. $=$ cot. L. $\times$ cot. Z. C'est la onzieme et la cinquieme.

On voit par l'application du théorême de Néper à tous les cas de la résolution des triangles rectangles, que le choix de la partie moyenne ne demande qu'une attention très médiocre. Si pourtant quelqu'un y trouvoit encore quelque embarras, je lui dirois :

Parmi les trois parties sur lesquelles roule la question, prenez-en une à volonté; comparez-lui les deux autres : si elles lui sont toutes deux adjacentes, ou si elles en sont toutes deux séparées, elle sera la partie moyenne; mais si l'une des deux autres lui étant adjacente, la seconde en est séparée, elle ne pourra pas être la partie moyenne. Alors faites un second choix au hasard, en lui comparant de même les deux autres parties; s'il est bon, alors la partie moyenne sera trouvée; s'il est mauvais, soyez sûr que la troisieme partie sera la partie moyenne.

Cependant il faut lui comparer les deux autres, et voir si elles lui sont adjacentes, ou si elles en sont séparées, afin de savoir quelle partie du théorême on doit employer.

Pour déterminer l'espece des résultats, il faut se rappeler,

1°. Que les angles sont de même espece que les côtés qui leur sont opposés;

2°. Que l'hypoténuse est moindre qu'un angle droit, si les deux côtés sont de même espece; et qu'elle est plus grande qu'un angle droit, s'ils sont de différente espece;

3°. Qu'un côté est moindre qu'un angle droit, si l'hypoténuse et l'autre côté sont de même espece; mais s'ils sont d'especes différentes, ce côté est plus grand qu'un angle droit.

Ces trois principes servent dans les questions précédentes, hormis la cinquieme, à reconnoître l'espece des résultats, c'est-à-dire à savoir s'ils sont moindres ou plus grands qu'un angle droit.

Dans la question 5, où l'on connoît un côté et l'angle opposé, les résultats sont douteux; mais dans l'application, il est rare qu'on n'ait pas quelque indice qui en détermine l'espece. Par exemple, connoissant l'obliquité L de l'écliptique, et la déclinaison Zp du soleil, si l'on demande son ascension droite Lp, le résultat Lp, donné par sin. Lp, est douteux; mais si l'on sait dans quelle saison on est, le doute disparoît, et l'on sait si la déclinaison est entre 0° et 90°, entre 90° et 180°, entre 180° et 270°, ou entre 270° et 360°.

Passons aux triangles obliquangles.

Bezout fonde la résolution de ces triangles sur cinq principes. Les quatre premiers sont des analogies, que nous verrons ci-dessous marquées des numéros 13, 16, 17 et 23. Le cinquieme est la propriété du triangle supplémentaire, qu'il emploie subsidiairement pour réduire à sa moitié le nombre des cas de la résolution des triangles sphériques, et par conséquent le nombre des principes qui lui sont nécessaires.

Cette méthode est très bonne, quoiqu'un peu indirecte; mais elle exige quelques petits calculs de plus que la méthode directe. Voyons donc quels sont les principes de cette méthode.

Soit un triangle sphérique quelconque LZS (*fig.* 2); du sommet d'un des angles SLZ, que j'appelle l'angle du sommet ou au sommet, soit abaissé sur le côté opposé ZS, que j'appelle la base, un arc de grand cercle Lp, perpendiculaire à ZS; cet arc, que j'appellerai la perpendiculaire, tombera entre les points Z et S, quand les angles LZS et LSZ, que j'appelle angles à la base, seront de même espece; mais il laissera les points Z et S d'un même côté de son pied p, quand les angles à la base seront d'espece différente. Dans le premier cas, l'angle du sommet SLZ sera la somme des angles SLp, ZLp, que j'appelle segments de l'angle; dans le second, il en sera la différence. Pareillement la base ZS sera, dans le premier cas, égale à $Zp + Sp$, qui en sont les segments; et dans le second cas, on aura $ZS = Sp - Zp$. Ainsi les segments de l'angle et ceux de la base sont tous positifs dans le premier cas; mais dans le second, un segment de l'angle (ZLp), et le segment de la base (Zp) qui lui correspond, deviennent l'un et l'autre négatifs.

Soit le sinus total égal à l'unité, on a les égalités suivantes; (on les auroit de même le rayon étant autre que l'unité) en appliquant le théorême de Néper.

Au triangle pLZ.	Au triangle pLS.
1. $\cos.(1-pL) = \sin. Z \times \sin. ZL$;	2. $\cos.(1-pL) = \sin. S \times \sin. SL$;
3. $\cos. Z = \sin. ZLp \times \sin.(1-pL)$;	4. $\cos. S = \sin. SLp \times \sin.(1-pL)$;
5. $\cos. ZLp = \cot. LZ \times \cot.(1-Lp)$;	6. $\cos. SLp = \cot. LS \times \cot.(1-Lp)$;
7. $\cos.(1-pZ) = \cot. Z \times \cot.(1-pL)$;	8. $\cos.(1-pS) = \cot. S \times \cot.(1-pL)$;
9. $\cos. ZL = \sin.(1-pZ) \times \sin.(1-pL)$;	10. $\cos. SL = \sin.(1-pS) \times \sin.(1-pL)$;
11. $\cos.(1-pL) = \cot. ZLp \times \cot.(1-pZ)$;	12. $\cos.(1-pL) = \cot. SLp \times \cot.(1-pS)$.

La 1 et la 2 donnent $\sin. Z \times \sin. ZL = \sin. S \times \sin. SL$,
ou $\sin. Z : \sin. S :: \sin. SL : \sin. ZL$; (13)
c'est-à-dire que les sinus des angles sont comme les sinus des côtés opposés.

La 3 et la 4 donnent $\frac{\cos. Z}{\sin. ZLp} = \frac{\cos. S}{\sin. SLp}$,
ou $\sin. ZLp : \sin. SLp :: \cos. Z : \cos. S$; (14)
c'est-à-dire que les sinus des segments de l'angle sont comme les cosinus des angles à la base.

La 5 et la 6 donnent $\frac{\cos. ZLp}{\cot. LZ} = \frac{\cos. SLp}{\cot. LS}$,
ou $\cos. ZLp : \cos. SLp :: \cot. LZ : \cot. LS$; (15)
c'est-à-dire que les cosinus des segments de l'angle sont comme les cotangentes des côtés adjacents.

La 7 et la 8 donnent $\frac{\cos.(1-pZ)}{\cot. Z} = \frac{\cos.(1-pS)}{\cot. S}$,
ou $\sin. pZ : \sin. pS :: \cot. Z : \cot. S$; (16)
c'est-à-dire que les sinus des segments de la base sont comme les cotangentes des angles adjacents.

La 9 et la 10 donnent $\frac{\text{cos. ZL}}{\text{sin. }(1-pZ)} = \frac{\text{cos. SL}}{\text{sin. }(1-pS)}$,
ou $\text{cos. }pZ : \text{cos. }pS :: \text{cos. ZL} : \text{cos. SL}$; (17)
c'est-à-dire que les cosinus des segments de la base sont comme les cosinus des côtés correspondants.

La 11 et la 12 donnent
$\text{cot. ZL}p \times \text{cot. }(1-pZ) = \text{cot. SL}p \times \text{cot. }(1-pS)$,
ou $\text{tang. }pZ : \text{tang. }pS :: \text{tang. ZL}p : \text{tang. SL}p$; (18)
c'est-à-dire que les tangentes des segments de l'angle sont comme les tangentes des segments de la base.

Les six analogies précédentes contiennent en substance les principes nécessaires à la résolution des triangles sphériques ; mais on peut en dériver beaucoup d'autres d'une application facile.

L'analogie 13 donne

$$\text{sin. Z} + \text{sin. S} : \text{sin. Z} - \text{sin. S} :: \text{sin. LS} + \text{sin. LZ} : \text{sin. LS} - \text{sin. LZ}.$$

Le premier des deux rapports suivants est égal au premier rapport de cette analogie *(Géom.* 286*)*, et le second des rapports suivants est égal au second rapport de la même analogie : donc les deux rapports suivants sont égaux.

$$\text{tang.}\tfrac{1}{2}(\text{Z}+\text{S}) : \text{tang.}\tfrac{1}{2}(\text{Z}-\text{S}) :: \text{tang.}\tfrac{1}{2}(\text{LS}+\text{LZ}) : \text{tang.}\tfrac{1}{2}(\text{LS}-\text{LZ}). \quad (19)$$

L'analogie 14 donne

$$\text{sin. ZL}p + \text{sin. SL}p : \text{sin. ZL}p - \text{sin. SL}p :: \text{cos. S} + \text{cos. Z} : \text{cos. S} - \text{cos. Z};$$

d'où l'on conclud l'analogie suivante, dont les rapports sont égaux à ceux qui leur correspondent dans l'analogie précédente. (286 et 287.)

$$\text{tang.}\tfrac{1}{2}(\text{ZL}p+\text{SL}p) : \text{tang.}\tfrac{1}{2}(\text{ZL}p-\text{SL}p) :: \text{cot.}\tfrac{1}{2}(\text{S}+\text{Z}) : \text{tang.}\tfrac{1}{2}(\text{Z}-\text{S}). \quad (20)$$

Lemme ou proposition auxiliaire.

On a évidemment

$$\text{sin.}(a+b) : \text{sin.}(a-b) :: \text{sin.}a.\text{cos.}b + \text{cos.}a.\text{sin.}b : \text{sin.}a.\text{cos.}b - \text{cos.}a.\text{sin.}b :$$

divisant les deux termes du second rapport par cos. a cos. b, et mettant pour $\frac{\text{sin. }a}{\text{cos. }a}$ et $\frac{\text{sin. }b}{\text{cos. }b}$ leur valeur tang. a et tang. b, il vient
$\text{sin.}(a+b) : \text{sin.}(a-b) :: \text{tang. }a + \text{tang. }b : \text{tang. }a - \text{tang. }b$.

L'analogie 15, qu'on peut écrire ainsi,

$\text{cos SL}p : \text{cos. ZL}p :: \text{tang. LZ} : \text{tang. LS}$, donne

$$\text{cos. SL}p + \text{cos. ZL}p : \text{cos. SL}p - \text{cos. ZL}p :: \text{tang. LS} + \text{tang. LZ} : \text{tang. LS} - \text{tang. LZ};$$

d'où l'on conclud, comme ci-dessus, en vertu de l'article 287 de Bezout, et du lemme précédent,

$$\text{cot.}\tfrac{1}{2}(SLp+ZLp):\text{tang.}\tfrac{1}{2}(SLp-ZLp)::\text{sin.}(LS+LZ):\text{sin.}(LS-LZ). \quad (21)$$

L'analogie 16 écrite ainsi,

$$\text{sin.}\,pZ:\text{sin.}\,pS::\text{tang. S}:\text{tang. Z},$$ donne

$$\text{sin.}\,pZ+\text{sin.}\,pS:\text{sin.}\,pS-\text{sin.}\,pZ::\text{tang. Z}+\text{tang. S}:\text{tang. Z}-\text{tang. S};$$

d'où l'on conclud, comme ci-dessus,

$$\text{tang.}\tfrac{1}{2}(pS+pZ):\text{tang.}\tfrac{1}{2}(pS-pZ)::\text{sin.}(Z+S):\text{sin.}(Z-S). \quad (22)$$

L'analogie 17 donne

$$\text{cos. ZL}+\text{cos SL}:\text{cos. ZL}-\text{cos. SL}::\text{cos.}\,pZ+\text{cos.}\,pS:\text{cos.}\,pZ-\text{cos.}\,pS;$$

d'où l'on conclud, comme ci-dessus,

$$\text{cot.}\tfrac{1}{2}(ZL+SL):\text{tang.}\tfrac{1}{2}(SL-ZL)::\text{cot.}\tfrac{1}{2}(pZ+pS):\text{tang.}\tfrac{1}{2}(pS-pZ),$$

qu'on peut écrire ainsi,

$$\text{tang.}\tfrac{1}{2}(pS+pZ):\text{tang.}\tfrac{1}{2}(LS+LZ)::\text{tang.}\tfrac{1}{2}(LS-LZ):\text{tang.}\tfrac{1}{2}(pS-pZ). \quad (23)$$

L'analogie 18 donne

$$\text{tang.SL}p+\text{tang.ZL}p:\text{tang.SL}p-\text{tang.ZL}p::\text{tang.}pS+\text{tang.}pZ:\text{tang.}pS-\text{tang.PZ};$$

d'où l'on conclud, comme ci-dessus,

$$\text{sin.}(SLp+ZLp):\text{sin.}(SLp-ZLp)::\text{sin.}(pS+pZ):\text{sin.}(pS-pZ). \quad (24)$$

De l'analogie 19, combinée par voie de multiplication avec les 20 et 21, puis avec les 22 et 23, on dérive beaucoup d'autres analogies non moins utiles que les précédentes : mais il est bon de changer un peu leur forme, ainsi qu'on va le voir.

L'analogie 19 peut être écrite ainsi,

$$\text{tang.}\tfrac{1}{2}(Z+S):\text{tang.}\tfrac{1}{2}(Z-S)::\frac{\text{sin.}\tfrac{1}{2}(LS+LZ)}{\text{cos.}\tfrac{1}{2}(LS+LZ)}:\frac{\text{sin.}\tfrac{1}{2}(LS-LZ)}{\text{cos.}\tfrac{1}{2}(LS-LZ)}.$$

L'analogie 20 peut être écrite ainsi,

$$\frac{\text{cot.}\tfrac{1}{2}(Z+S)\times\text{cot.}\tfrac{1}{2}(SLp+ZLp)}{\text{cot.}\tfrac{1}{2}(SLp-ZLp)}:\text{tang.}\tfrac{1}{2}(Z-S)::1:1.$$

En vertu de ce que $\text{sin.}\,a=2\,\text{sin.}\tfrac{1}{2}a\times\text{cos.}\tfrac{1}{2}a$, d'où l'on conclud $\text{sin.}\,a:\text{sin.}\,b::\text{sin}\tfrac{1}{2}a\times\text{cos.}\tfrac{1}{2}a:\text{sin.}\tfrac{1}{2}b\times\text{cos.}\tfrac{1}{2}b$, l'analogie 21 peut être écrite ainsi :

$$\frac{\text{cot.}\tfrac{1}{2}(SLp+ZLp)}{\text{tang.}\tfrac{1}{2}(SLp-ZLp)}:1::\text{sin}\tfrac{1}{2}(LS+LZ)\times\text{cos.}\tfrac{1}{2}(LS+LZ):\text{sin.}\tfrac{1}{2}(LS-LZ)\times\text{cos.}\tfrac{1}{2}(LS-LZ).$$

Ces trois analogies étant multipliées par ordre, il vient

$$\overline{\text{cot.}\tfrac{1}{2}(SLp+ZLp)}^2:\overline{\text{tang.}\tfrac{1}{2}(Z+S)}^2::\overline{\text{sin.}\tfrac{1}{2}(LS+LZ)}^2:\overline{\text{sin.}\tfrac{1}{2}(LS-LZ)}^2:$$

tirant les racines, on a

$$\cot.\tfrac{1}{2}(SLp+ZLp) : \text{tang.}\tfrac{1}{2}(Z-S) :: \sin.\tfrac{1}{2}(LS+LZ) : \sin.\tfrac{1}{2}(LS-LZ) \quad (25)$$

De cette analogie, et de la 20 écrite ainsi,

$$\cot.\tfrac{1}{2}(SLp-ZLp) : \cot.\tfrac{1}{2}(S+Z) :: \cot.\tfrac{1}{2}(SLp+ZLp) : \text{tang.}\tfrac{1}{2}(Z-S),$$

on conclud la suivante :

$$\cot.\tfrac{1}{2}(SLp-ZLp) : \cot.\tfrac{1}{2}(S+Z) :: \sin.\tfrac{1}{2}(LS+LZ) : \sin.\tfrac{1}{2}(LS-LZ). \quad (26)$$

L'analogie 19 étant écrite ainsi,

$$\text{tang.}\tfrac{1}{2}(Z-S) : \text{tang.}\tfrac{1}{2}(Z+S) :: \frac{\cos.\frac{1}{2}(LS+LZ)}{\sin.\frac{1}{2}(LS+LZ)} : \frac{\cos.\frac{1}{2}(LS-LZ)}{\sin.\frac{1}{2}(LS-LZ)},$$

puis, étant multipliée par ordre avec l'analogie 25, et ensuite avec l'analogie 26, fournit les deux suivantes :

$$\cot.\tfrac{1}{2}(SLp+ZLp) : \text{tang.}\tfrac{1}{2}(Z+S) :: \cos.\tfrac{1}{2}(LS+LZ) : \cos.\tfrac{1}{2}(LS-LZ); \quad (27)$$

$$\cot.\tfrac{1}{2}(SLp-ZLp) : \cot.\tfrac{1}{2}(Z-S) :: \cos.\tfrac{1}{2}(LS+LZ) : \cos.\tfrac{1}{2}(LS-LZ). \quad (28)$$

L'analogie 19 écrite ainsi,

$$\frac{\sin.\frac{1}{2}(Z+S)}{\cos.\frac{1}{2}(Z+S)} : \frac{\sin.\frac{1}{2}(Z-S)}{\cos.\frac{1}{2}(Z-S)} :: \text{tang.}\tfrac{1}{2}(LS+LZ) : \text{tang.}\tfrac{1}{2}(LS-LZ);$$

l'analogie 22 écrite ainsi,

$$\sin.\tfrac{1}{2}(Z+S)\times\cos.\tfrac{1}{2}(Z+S) : \sin.\tfrac{1}{2}(Z-S)\times\cos.\tfrac{1}{2}(Z-S) :: \frac{\text{tang.}\frac{1}{2}(pS+pZ)}{\text{tang.}\frac{1}{2}(pS-pZ)} : 1;$$

et l'analogie 23 écrite ainsi,

$$1 : 1 :: \frac{\text{tang.}\frac{1}{2}(pS+pZ)\times\text{tang.}\frac{1}{2}(pS-pZ)}{\text{tang.}\frac{1}{2}(SL+ZL)} : \text{tang.}\tfrac{1}{2}(LS-LZ);$$

étant multipliées par ordre, donnent,

$$\overline{\sin.\tfrac{1}{2}(Z+S)}^2 : \overline{\sin.\tfrac{1}{2}(Z-S)}^2 :: \overline{\text{tang.}\tfrac{1}{2}(pS+pZ)}^2 : \overline{\text{tang.}\tfrac{1}{2}(LS-LZ)}^2 :$$

tirant les racines, il vient

$$\sin.\tfrac{1}{2}(Z+S) : \sin.\tfrac{1}{2}(Z-S) :: \text{tang.}\tfrac{1}{2}(pS+pZ) : \text{tang.}\tfrac{1}{2}(LS-LZ). \quad (29)$$

De cette analogie et de la 23 on conclud

$$\sin.\tfrac{1}{2}(Z+S) : \sin.\tfrac{1}{2}(Z-S) :: \text{tang.}\tfrac{1}{2}(LS+LZ) : \text{tang.}\tfrac{1}{2}(pS-pZ). \quad (30)$$

L'analogie 19 écrite ainsi,

$$\frac{\cos.\frac{1}{2}(Z+S)}{\sin.\frac{1}{2}(Z+S)} : \frac{\cos.\frac{1}{2}(Z-S)}{\sin.\frac{1}{2}(Z-S)} :: \text{tang.}\tfrac{1}{2}(LS-LZ) : \text{tang.}\tfrac{1}{2}(LS-LZ),$$

et multipliée par ordre avec l'analogie 29, puis avec la 30, donne

$$\cos.\tfrac{1}{2}(Z+S) : \cos.\tfrac{1}{2}(Z-S) :: \text{tang.}\tfrac{1}{2}(pS+pZ) : \text{tang.}\tfrac{1}{2}(LS+LZ); \quad (31)$$

$$\cos.\tfrac{1}{2}(Z+S) : \cos.\tfrac{1}{2}(Z-S) :: \text{tang.}\tfrac{1}{2}(LS-LZ) : \text{tang.}\tfrac{1}{2}(pS-pZ). \quad (32)$$

Des analogies précédentes, si l'on excepte en premier lieu les douze premieres, qui ont servi à trouver les suivantes, et en second lieu, la 18, la 19, et la 24, qui sont utiles d'ailleurs, et dont la 19 nous a été déja d'un grand secours pour découvrir les huit dernieres, il en reste dix-sept qui servent à la résolution des triangles sphériques. Elles ne sont pas toutes d'une stricte nécessité, mais elles servent à varier les solutions, et à mettre en état de choisir celles dont le calcul est le plus facile. Il n'y en a que sept qui soient strictement nécessaires, savoir les 13, 14, 15, 16, 17, 20, et 23; et si l'on fait usage du triangle subsidiaire, on n'a plus besoin des trois qui sont soulignées.

Les analogies 20, 21, 22, 23, 25, 27, 29, et 31, sont les fameuses analogies de Néper. Mauduit et Cagnoli les ont données, le premier, dans son *Astronomie sphérique*, qui parut en 1765; le second, dans son *Traité de trigonométrie*, qui parut en 1784.

Quant aux analogies 26, 28, 30, et 32, je ne les ai vues nulle part. Elles servent aux mêmes usages que les quatre dernieres de Néper. Il est des cas où elles leur sont préférables, comme il en est d'autres où celles de Néper doivent être préférées aux miennes.

Reprenons l'analogie 14: elle donne
$\cos. S : \cos. Z :: \sin. SLp : \sin. ZLp :: \sin. SLp : \sin. (L - SLp)$,
ou $\cos. S : \cos. Z :: \sin. SLp : \sin. L \times \cos. SLp - \cos. L \times \sin. SLp$.

Divisant les deux termes du second rapport par $\sin. SLp$, il vient $\cos. S : \cos. Z :: 1 : \sin. L \cdot \cot. SLp - \cos. L$.

Mettant pour $\cos. SLp$ sa valeur $\cos. SL \times \frac{\sin. S}{\cos. S}$ donnée par le théorême de Néper, on a
$\cos. S : \cos. Z :: 1 : \sin. L \cdot \frac{\sin. S}{\cos. S} \cdot \cos. SL - \cos. L$;
d'où l'on tire $\cos. Z = \sin. L. \sin. S. \cos. SL - \cos. L \times \cos. S$, (33)
équation analogue à celle de la proposition 26, *page* 37, et qui, étant traitée comme elle, est susceptible des mêmes modifications.

D'abord on peut l'écrire ainsi,
$\cos. Z = \cos. S \times \cos. L \times (\text{tang } L \times \text{tang}. L \times \cos. SL - 1)$. (34)

Soit $\text{tang}. L \times \text{tang}. S \times \cos. SL = \frac{1}{(\cos. A)^2}$,

on aura $\cos. Z = \cos. S. \cos. L \times \text{tang}. A^2$.

Mettons dans l'équation 33, pour $\cos. L \cos. S$, sa valeur $\cos. (L - S) - \sin. L \sin. S$, il vient
$\cos. Z = \sin. S. \sin. L (1 + \cos. SL) - \cos. (L - S)$.

Substituons $\overline{2\cos.\frac{1}{2}Z}^2 - 1$ à cos. Z; $\overline{\cos.\frac{1}{2}SL}^2$ à $1 + \cos. SL$, et $1 - 2\overline{\sin.\frac{1}{2}(L-S)}^2$ à cos. (L—S), il viendra

$$\overline{\cos.\frac{1}{2}Z}^2 = \sin. S \times \sin. L \times \overline{\cos.\frac{1}{2}SL}^2 + \overline{\sin.\frac{1}{2}(L-S)}^2, \quad (35)$$

ou $\overline{\sin.\frac{1}{2}Z}^2 = \overline{\cos.\frac{1}{2}(L-S)}^2 - \sin. S \times \sin. L \times \overline{\cos.\frac{1}{2}SL}^2$, (36)

qu'on peut écrire ainsi,

$$\overline{\cos.\frac{1}{2}Z}^2 = \overline{\sin.\frac{1}{2}(L-S)}^2 \times \left(1 + \frac{\sin. S \times \sin. L \times \overline{\cos.\frac{1}{2}SL}^2}{\sin.\frac{1}{2}(L-S)^2}\right), \quad (37)$$

$$\overline{\sin.\frac{1}{2}Z}^2 = \overline{\cos.\frac{1}{2}(L-S)}^2 \left(1 - \frac{\sin S \times \sin. L \times \overline{\cos.\frac{1}{2}SL}^2}{(\cos.\frac{1}{2}(L-S))^2}\right). \quad (38)$$

Soient $\frac{\sin. S \times \sin. L. \overline{\cos.\frac{1}{2}SL}^2}{(\sin.\frac{1}{2}(L-S))^2} = \overline{\tang. A}^2$,

et $\frac{\sin. S \times \sin. L \times \overline{\cos.\frac{1}{2}SL}^2}{(\cos.\frac{1}{2}(L-S))^2} = \overline{\sin. A}^2$, on aura

$\cos.\frac{1}{2}Z = \frac{\sin.\frac{1}{2}(L-S)}{\cos. A}$, et $\sin.\frac{1}{2}Z = \cos.\frac{1}{2}(L-S) \times \cos. A$.

L'équation 33 donne

$$\cos. SL = \frac{\cos. Z + \cos. L \times \cos. S}{\sin. L \times \sin. S} = \frac{\cos. Z + \cos. (L+S)}{\sin. L \times \sin. S} + 1,$$

ou $-\overline{\sin.\frac{1}{2}SL}^2 = \frac{\cos. Z + \cos. (L+S)}{2\sin. L \times \sin. S}$,

ou enfin, $\overline{\sin.\frac{1}{2}SL}^2 = -\frac{\cos.\frac{1}{2}(L+S+Z) \times \cos.\frac{1}{2}(L+S-Z)}{\sin. L \times \sin. S}$. (39)

La même équation donne aussi

$$\cos. SL = \frac{\cos. Z + \cos. (L-S)}{\sin. L \times \sin. S} - 1,$$

ou $\overline{\cos.\frac{1}{2}SL}^2 = \frac{\cos. Z + \cos. (L-S)}{2\sin. L \times \sin. S}$,

ou enfin, $\overline{\cos.\frac{1}{2}SL}^2 = \frac{\cos.\frac{1}{2}(Z+L-S) \times \cos.\frac{1}{2}(Z+S-L)}{\sin. L \times \sin. S}$. (40)

Nous pourrions dériver de l'équation 33 autant de formules que nous en avons eues de l'équation 1, *pag.* 42; mais celles qui précedent sont suffisantes. La 39 et la 40 sont les plus simples qu'on puisse employer pour trouver un côté quand on connoît les trois angles. Les 37 et 38 servent à trouver l'angle opposé au côté connu, dans le cas où les données sont deux angles et le côté adjacent à ces angles. Les formules 33, 34, 35 et 36 remplissent le même objet, mais d'une maniere plus laborieuse.

Appliquons ce qui précede à la résolution des triangles.

QUESTION PREMIERE.

Connoissant les trois côtés, trouver un angle.

Imaginez d'un des deux autres angles une perpendiculaire sur le côté opposé à cet angle, ou, ce qui revient au même, considérez l'angle cherché comme l'un des angles à la base, et l'un des côtés de cet angle comme la base, puis faites cette analogie. (C'est la vingt-troisieme.)

La tangente de la demi-base est à la tangente de la demi-somme des deux autres côtés comme la tangente de la demi-différence des mêmes côtés est à un quatrieme terme qui sera la tangente de la demi-différence ou de la demi-somme des segments de la base.

Désignons par tang. X le quatrieme terme de cette analogie, nous aurons, en employant les logarithmes,

log. tang. X = log. cot. $\frac{1}{2}$ base + log. tang. $\frac{1}{2}$ somme côtés
+ log. tang. $\frac{1}{2}$ dif. côtés.

Cherchant ce quatrieme terme parmi les tangentes, il répondra à un nombre de degrés qui sera moindre ou plus grand que la demi-base. Dans le premier cas, la demi-base est la demi-somme des segments, et le quatrieme terme en donne la demi-différence; et dans le second, la demi-base est la demi-différence des segments, et le quatrieme terme en donne la demi-somme. Dans l'un et l'autre cas, la somme du nombre de degrés donné par le quatrieme terme, et de celui de la demi-base, sera le plus grand segment qui correspondra au plus grand côté; la différence des mêmes nombres de degrés sera le moindre segment qui correspondra au moindre côté.

Maintenant le théorême de Néper donnera l'angle cherché de cette maniere:

L. cos. angle = L. cot. côté adj. + L. tang. segment corresp.

Exemple.

Soient ZS	=	83°	32′	6″;
ZL	=	35	48	3;
SL	=	108	42	3;
Somme. SL + ZL	=	144	30	6
Dif. SL − ZL	=	72	54	0
Demi-somme	=	72	15	3
Demi-différence	=	36	27	0
$\frac{1}{2}$ZS	=	41	46	3
X	=	68	50	32
X − $\frac{1}{2}$ZS = *p*Z		27	4	29

L'angle cherché est Z.

cot. $\frac{1}{2}$ZS	0,0491082
tang. demi-somme	0,4947326
tang. demi-différ.	9,8684160
Somme tang. X	0,4122568
cot. ZL	0,1419173
tang. *p*Z	9,7085647
Somme cos. Z	9,8504820
Angle corresp.	44° 52′ 5″
Angle Z	135 7 55

Ici le quatrieme terme de l'analogie a donné la demi-somme des segments, savoir 68° 50' 32" plus grand que la demi-base 41° 46' 3", qui par conséquent en est la demi-différence. La perpendiculaire tombe donc en dehors; le moindre segment devient alors négatif, ce qui rend négatif le cosinus de l'angle cherché. Cet angle doit donc être obtus.

Nous avons exposé, *page 42 et suivantes*, plusieurs formules qui résolvent la même question, et nous en avons vu plusieurs applications à un même exemple *(pages 48 et 49)*.

QUESTION II.

Connoissant les trois angles, trouver un côté.

Du sommet d'un des angles adjacents au côté cherché concevez une perpendiculaire qui tombera sur le côté opposé, qui est ici la base, ou en dedans de l'angle du sommet, si les deux autres angles donnés sont de même espece; mais s'ils sont d'espece différente, la perpendiculaire tombera sur le prolongement de la base, ou en dehors de l'angle.

Dans le premier cas, l'analogie 20 donnera la demi-différence des segments de l'angle en cette maniere :

log. tang. $\frac{1}{2}$ dif. segm. = log. tang. $\frac{1}{2}$ som. ang. à la base + log. tang. $\frac{1}{2}$ dif. ang. à la base + log. tang. $\frac{1}{2}$ ang. au sommet.

Et dans le second cas, elle donnera la demi-somme des mêmes segments de cette maniere :

log. tang. $\frac{1}{2}$ som. segm. = log. tang. $\frac{1}{2}$ ang. au sommet + log. cot. $\frac{1}{2}$ som. ang. à la base + log. cot. $\frac{1}{2}$ dif. ang. à la base.

Connoissant la demi-somme et la demi-différence des segments de l'angle au sommet, vous aurez bientôt les segments; et le théoréme de Néper vous donnera

log. cos. côté = log. cot. ang. adjac. + log. cot. segm. adjac.

Les formules 39 et 40 donnent plus facilement le côté cherché de cette maniere :

log. sin. $\frac{1}{2}$ côté = $\frac{1}{2}$ [log. (cos. $\frac{1}{2}$ som. ang.) + log. (cos. $\frac{1}{2}$ som. ang. — ang. opposé) — som. log. sin. ang. adj.]

log. cos. $\frac{1}{2}$ côté = $\frac{1}{2}$ [log. cos. $\frac{1}{2}$ som. ang. — (1er ang. adj. + log. cos. $\frac{1}{2}$ som. ang. — 2^{d} ang. adj.) — som. log. sin. ang. adj.]

Exemple.

Soient Z	=	135°	7′	55″	tang. ½ L	9,6458945
L	=	47	44	13	cot. ½ (Z + S)	0,1491637
S	=	25	49	44	cot. ½ (Z — S)	0,7754824
Z + S	=	160	57	39	Somme tang. X	0,5705406
Z — S	=	109	18	11		
½ (Z + S)	=	80	28	49,5	cot. Z L *p*	9,9070514
½ (Z — S)	=	54	39	5,5	cot. Z	0,0020002
½ L	=	23	52	6,5	cos. Z L. Somme	9,9090516
X	=	74	57	12,5		
X — ½ L = Z L *p*	=	61	5	6	Z L	35° 48′ 2″

Type du calcul de la formule XXXIX.

S	=	25°	49′	44″		
Z	=	135	7	55 —	sin.	0,1515075
L	=	47	44	13 —	sin.	0,1307301
Somme		208	41	52	. . . .	. . .
Demi-somme		104	20	56	cos.	9,3941465
Demi-somme — S		78	31	12	cos.	9,2989096
					Somme.	18,9752937
		sin. ½ Z L			Demi-somme.	9,4876468
½ Z L	=	17°	54′	1″;	Z L =	35° 48′ 2″

Cette question se résoud par le triangle supplémentaire, qui la ramene à la précédente. On opere ainsi :

On prend les suppléments des trois angles, et l'on a les trois côtés d'un triangle subsidiaire. On calcule, comme on a fait dans la question précédente, l'angle au pole du côté cherché, et l'on en prend le supplément pour avoir ce côté. Cette méthode exige de plus que la méthode directe quatre soustractions, qui sont courtes, mais qui demandent pourtant un certain temps.

QUESTION III.

Connoissant deux côtés et l'angle compris, trouver, 1°. l'un des deux autres angles, 2°. le troisieme côté.

Du sommet de l'angle, dont la connoissance n'est pas requise, on imaginera une perpendiculaire sur le côté opposé ; ce côté, qui est connu, sera la base ; l'autre côté connu sera un des côtés de l'angle au sommet ; l'angle donné sera un des angles à la base. Le théorême de Néper donnera le segment de la base adjacent à l'angle donné de cette maniere :

log. tang. segm. adj. = log. cos. angle + log. tang. côté.

Ayant la base et l'un de ses segments, on aura bientôt l'autre: alors l'analogie 16 donnera

log. cot. ang. cherché = log. cot. ang. donné + log. sin. segm. séparé — log. sin. segm. adjacent ;

et l'analogie 17 donnera

log. cos. côté cherché = log. cos. côté connu + log. cos. segm. séparé — log. cos. segm. adjacent.

Exemple.

Soient S	=	25° 49′ 44″	cos. S		9,9542904
ZS	=	83 32 6	tang. ZS		0,9457055
SL	=	108 42 3	Somme.		0,8999959
Sp	=	82 49 28	C'est la tang. du segm. adjac. Sp		
Dif. Zp	=	25 52 35	Sp	=	82° 49′ 28″
cot. S	=	0,3151178	cos. ZS	=	9,0515239
sin. Zp	=	9,6399156	cos. Zp	=	9,9541159
— sin. Sp	=	0,0034147	cos. Sp	=	0,9034130
Somme cot. L.	=	9,9584481	Somme cos. ZL		9,9090528
Ang. L.	=	47° 44′ 13″	ZL	=	35° 48′ 2″

Si l'on a besoin des deux angles opposés aux côtés donnés, alors on fera usage de ces analogies (25 et 26).

Le sinus de la demi-somme des côtés est au sinus de leur demi-différence comme la co-tangente du demi-angle est à un quatrieme terme qui sera la tangente de la demi-différence des angles (à la base) cherchés, si une perpendiculaire menée du sommet de l'angle donné sur le côté opposé, tombe en dedans de l'angle; mais si elle tombe en dehors, le quatrieme terme de l'analogie sera la co-tangente de la demi-somme des angles à la base.

On fera ensuite ces analogies (27 et 28).

Le cosinus de la demi-somme des côtés est au cosinus de leur demi-différence comme la co-tangente du demi-angle est à un quatrieme terme qui sera la tangente de la demi-somme des angles à la base, ou la co-tangente de leur demi-différence, selon que la perpendiculaire tombera en dedans ou en dehors. A moins d'avoir une figure bien faite, on ne sait pas d'abord si la perpendiculaire tombe en dedans ou en dehors: on se conduira donc comme si elle tomboit en dedans. Ayant trouvé les degrés correspondants aux quatriemes termes, si le second est moindre que le premier, ou s'il répond à une tangente négative, aux degrés trouvés il faudra substituer leurs compléments pour avoir la demi-somme et la demi-différence des angles à la base.

Exemple.

On demande les angles Z et L.

Ici le cosinus de $\frac{1}{2}$ (ZS + SL) est négatif; ce qui rend négative la tangente de $\frac{1}{2}$ (Z + S), et partant moindre que tang. $\frac{1}{2}$ (Z − S).

Soient S =	25°	49′	44″						
ZS =	83	32	6						
SL =	108	42	3						
ZS + SL =	192	14	9						
SL − ZS =	25	9	57						
$\frac{1}{2}$ (ZS + SL) =	96	7	4,5;	—	sin.	0,0024806;	—	cos.	0,9723447
$\frac{1}{2}$ (SL − ZS) =	12	34	58,5;		sin.	9,3381621;		cos.	9,9894417
$\frac{1}{2}$ S =	12	54	52;		cot.	0,6396037;		cot.	0,6396037
					tang. som.	9,9802464		tang.	1,6013901

Degrés correspondants à ces tangentes,	43°	41′	51″	—	88°	33′	57″
Compléments,	46	18	9	—	1	26	3
—	1	26	3				
Somme ang. S Z *p*	44	52	6				
Dif. ang. S L *p*	47	44	12	} angles cherchés.			
donc Z = 180° − S Z *p* =	135	7	54	}			

Suivant les analogies 25 et 27, ou suivant le calcul précédent, on trouve $\frac{1}{2}$(Z — S) = 43° 41′ 51″; $\frac{1}{2}$(Z + S) = 88° 38′ 57″; Z = 132° 20′ 48″; L = 44° 57′ 6″.

Ces résultats sont faux, parceque les analogies 25 et 27 supposent que la perpendiculaire tombe en dedans, et qu'ici, le cas contraire ayant lieu, il faut employer les analogies 26 et 28. Elles ne sont donc pas de pure curiosité, non plus que les 30 et 32.

Lorsque l'on n'a besoin que du troisieme côté, on peut faire usage de quelqu'une des formules I, II, VI, VIII, XIV, XVI, XIX et XX, comme dans la question III, *page* 50. Les quatre dernieres sont d'une application plus facile.

Question IV.

Connoissant deux angles et le côté adjacent à ces angles, trouver, 1°. l'un des deux autres côtés, 2°. le troisieme angle.

De l'angle connu, adjacent au côté cherché, imaginez une perpendiculaire sur le côté opposé à cet angle. Le théorême de Néper vous donnera le segment de l'angle adjacent au côté donné de cette maniere:

log. cot. segm. ang. = log. cos. côté con. + log. tang. ang. à la base.

Connoissant l'angle au sommet et l'un de ses segments, vous

connoîtrez bientôt l'autre : alors vous aurez, en vertu de la quinzieme analogie,

log. cot. côté cher. = log. cot. côté con. + log. cos. segm. sép.
— log. cos. segm. adjacent.

Et en vertu de la 14,

log. cos. ang. cher. = log. cos. ang. à la base + log. sin. segm. sép.
— log. sin. segm. adj.

Exemple.

Soient ZS	=	83°	32′	6″
S	=	25	49	44
Z	=	135	7	55;
LZ*p*		86	52	49,4
Z — LZ*p* = SZ*p*		48	15	5,6
cot. ZS		9,0542945		
cos. SZ*p*		9,8233829		
— cos. LZ*p*		1,2642213		
Somme cot. ZL		0,1418987		
ZL		35°	48′	3″

tang. S	9,6848822		
cos. ZS	9,0515239		
Somme cot. LZ*p*	8,7364061		
cos. S	9,9542904		
sin. SZ*p*	9,8727835		
— sin. LZ*p*	0,0006440		
Somme cos. L	9,8277179		
L	47°	44′	12″

Si l'on a besoin des deux côtés, on fera usage des analogies 29 et 31, si les angles donnés sont de même espece; mais s'ils sont d'espece différente, on aura recours aux 30 et 32.

Dans le premier cas, on a

log. tang. $\frac{1}{2}$ dif. cotés = log. tang. $\frac{1}{2}$ base + log. sin. $\frac{1}{2}$ dif. ang.
— log. sin. $\frac{1}{2}$ som. ang.

log. tang. $\frac{1}{2}$ som. côtés = log. tang. $\frac{1}{2}$ base + log. cos. $\frac{1}{2}$ dif. ang.
— log. cos. $\frac{1}{2}$ som. ang.

Et dans le second cas, on a

log. cot. $\frac{1}{2}$ som. côtés = log. cot. $\frac{1}{2}$ base + log. sin. $\frac{1}{2}$ dif. ang.
— log. sin. $\frac{1}{2}$ som. ang.

log. tang. $\frac{1}{2}$ dif. côtés = log. cot. $\frac{1}{2}$ base + log. cos. $\frac{1}{2}$ dif. ang.
— log. cos. $\frac{1}{2}$ som. ang.

Les calculs se font de la même maniere que ceux de la question précédente pour les cas analogues à celui-ci.

Lorsqu'on n'a besoin que du troisieme angle, on peut faire usage des formules 35, 36, 37 ou 38. Exemple :

Type du calcul de la formule XXXVIII.

S =	25°	49′	44″		sin.	9,6391726
L =	47	44	13		sin.	9,8692698
S L =	108	42	3		Somme	19,5084424
L — S =	21	54	29		Demi-somme.	9,7542212
$\frac{1}{2}$ S L =	54	21	1,5		cos.	9,7655392
$\frac{1}{2}$ (L — S) =	10	57	14,5		— cos.	0,0079858
				sin. A	Somme.	9,5277462
					A	19° 41′ 59″

cos. A	9,9738074
cos. $\frac{1}{2}$ (L — S)	9,9920142
Somme sin. $\frac{1}{2}$ Z	9,9658216

$\frac{1}{2}$ Z = 67° 33′ 57″
Z = 135 7 54.

Cette question peut être ramenée à la précédente par le moyen du triangle supplémentaire, où l'on connoîtra dans ce cas deux côtés et l'angle compris.

QUESTION V.

Connoissant deux côtés, l'angle opposé à l'un d'eux, et de quelle espece est l'angle opposé à l'autre côté connu, trouver, 1°. l'angle opposé à l'autre côté connu, 2°. le troisieme côté, 3°. le troisieme angle.

Calculez d'abord l'angle opposé au côté connu par l'analogie ordinaire, qui donne

log. sin. ang. cher. = log. sin. ang. donné + log. sin. côté adj.
— log. sin. côté opposé.

Maintenant que vous connoissez deux côtés et les angles qui leur sont opposés, si ces angles sont de même espece, l'analogie 29 vous donnera le troisieme côté de cette maniere :

log. tang. $\frac{1}{2}$ base = log. tang. $\frac{1}{2}$ dif. côtés + log. sin. $\frac{1}{2}$ som. ang.
— log. sin. $\frac{1}{2}$ dif. ang.

Mais s'ils sont d'espece différente, l'analogie 30 donnera

log. tang. $\frac{1}{2}$ base = log. tang. $\frac{1}{2}$ som. côtés + log. sin. $\frac{1}{2}$ dif. ang.
— log. sin. $\frac{1}{2}$ som. ang.

Les analogies 31 et 32 donnent aussi le troisieme côté.
Pour avoir le troisieme angle, il faut faire usage des analogies

25 ou 27, dans le cas où les angles sont de même espece. La vingt-cinquieme donne

log. cot. $\frac{1}{2}$ ang. = log. tang. $\frac{1}{2}$ dif. ang. à la base + log. sin. $\frac{1}{2}$ som. côtés — log. sin $\frac{1}{2}$ dif. côtés.

Mais dans le cas où ils sont d'espece différente, on se sert des analogies 26 ou 28. La vingt-sixieme donne

log. cot. $\frac{1}{2}$ ang. = log. cot. $\frac{1}{2}$ som. ang. à la base + log. sin. $\frac{1}{2}$ som. côtés — log. sin. $\frac{1}{2}$ dif. côtés.

Exemple.

Soient LZ	=	35°	48′	3″
LS	=	108	42	3
LZS	=	135	7	55
180° — LZS = Z		44	52	5
S		25	49	44
Z + S		70	41	49
Z — S		19	2	21
$\frac{1}{2}$ (Z + S)		35	20	54,5
$\frac{1}{2}$ (Z — S)		9	31	10,5
LS + LZ		144	30	6
$\frac{1}{2}$ (LS + LZ)		72	15	3
LS — LZ		72	54	0
$\frac{1}{2}$ (LS — LZ)		36	27	0

Ici l'on sait que l'angle S opposé au côté LZ doit être moindre que l'angle Z opposé au côté LS, parceque LZ < LS.

Calcul de l'angle Z.

— sin. SL	0,0235557
sin. Z	9,8484847
sin ZL	9,7671332
Somme sin. S	9,6391736

S = 25° 49′ 44″

Calcul du troisieme côté.

tang. $\frac{1}{2}$ (LS + LZ)	0,2376607
sin. $\frac{1}{2}$ (Z — S)	9,2184954
— sin. $\frac{1}{2}$ (Z + S)	0,4947326
Somme tang. $\frac{1}{2}$ ZS	9,9508887

$\frac{1}{2}$ ZS = 41° 46′ 3″
ZS = 83 32 6

Calcul du troisieme angle.

cot. $\frac{1}{2}$ (Z + S)	0,1491638
sin. $\frac{1}{2}$ (LS + LZ)	9,9788195
— sin. $\frac{1}{2}$ (LS — LZ)	0,2261251
Somme cot. $\frac{1}{2}$ L	0,3541084

$\frac{1}{2}$ L 23° 52′ 6″
L 47 44 12

Lorsqu'on n'a pas besoin de l'angle opposé au second côté connu, on peut avoir le troisieme côté ou l'angle compris, en opérant comme il suit :

Considérez le troisieme côté comme la base ; l'angle compris sera l'angle au sommet ; vous aurez les segments de la base comme il suit ;

L. tang. segm. adj. ang. = L. cos. ang. + L. tang. côté adj. ang., puis
L. cos. 2 segm. = L. cos. 1 segm. + L. cos. côté opposé à l'angle — L. cos. côté adj. ang.

Connoissant les deux segments de la base, il ne reste plus qu'à en prendre la somme ou la différence pour avoir la base. On aura l'angle compris de cette maniere :

log. cot. segm. adj. côté = log. cos. côté adj. ang. + log. tang. ang.
puis log. sin. 2 segm. = log. sin. 1 segm. + log. cot. côté opp. ang.
— log. cot. côté adj. ang.

Les segments de l'angle étant connus, l'angle lui-même le sera bientôt.

Cette question est très utile à la mer pour trouver la latitude quand on connoît l'heure du lieu, et la hauteur du soleil ou d'un autre astre.

De la hauteur observée, et de la déclinaison prise dans la *Connoissance des temps*, on conclud la distance au zénith et la distance polaire ; l'heure réduite en degrés donne l'angle au pole : on connoît de quelle espece est l'angle au zénith, puisqu'on peut l'évaluer à-peu-près, soit avec le compas azimutal, soit avec le compas de variation. On calculera d'abord l'angle au zénith de cette maniere :

log. sin. ang. au zén. = log. sin. ang au pole + log. sin. dist. polaire
— log. sin. dist. au zén.

Si l'angle au zénith est de même espece que l'angle au pole, on aura la distance du pole au zénith, ou le complément de la latitude, au moyen de l'analogie 29, qui donne

log. tang. $\frac{1}{2}$ comp. lat. = log. tang. $\frac{1}{2}$ (dist. au pole — dist. au zén.)
+ log. sin. $\frac{1}{2}$ (ang. au zén. + ang. au pole) — log. sin. $\frac{1}{2}$ (ang. au zén.
— ang. au pole.)

Mais si l'angle au zénith et l'angle au pole sont d'espece différente, il faut se servir de l'analogie 30, qui donne

log. cot. $\frac{1}{2}$ comp. lat. = log. cot. $\frac{1}{2}$ (dist. au pole + dist. au zén.)
+ log. sin. $\frac{1}{2}$ (ang. au zén. + ang. au pole) — log. sin. $\frac{1}{2}$ (ang. au zén.
— ang. au pole.)

Ou bien on considérera la distance du pole au zénith, qui est le complément de la latitude, comme la base, et l'on calculera les segments de cette base comme il suit :

log. tang. segm. au pole = log. cos. ang. au pole + log. tang. dist. p.
log. cos. segm. au zén. = log. cos. segm. au p. + log. cos. dist. au
zén. — log. cos. dist. polaire.

La somme ou la différence des segments adjacents au pole et au zénith sera le complément de la latitude selon que les angles au pole et au zénith seront de même ou de différente espece.

Exemple.

Soient L le pole ; S le soleil ; Z le zénith ;

L =	47°	44′	13″	cos.		9,8277151
SL =	108	42	3	tang.	—	0,4704445
ZS =	83	32	6	Somme.	—	0,2981596

C'est la tangente du segment au pole. Elle est négative, parceque cos. SL est négatif. Elle appartient donc à un arc de plus de 90° ; ainsi,

segm. au pole =	116°	43′	2″	cos.	9,6528011
segm. au zén.	80	54	59 ;	cos. ZS	9,0515239
Différence	35	48	3 ;	— cos. SL	0,4940002
dont le complément est la latitude	54	11	57 ;	Somme	9,1983352
				c'est le cos. du segm. au zén.	

Question VI.

Connoissant deux angles, le côté opposé à l'un d'eux, et l'espece du côté opposé à l'autre angle, trouver, 1°. le côté opposé à l'autre angle, 2°, le troisieme côté, 3°. le troisieme angle.

Calculez d'abord le côté opposé au second angle donné par l'analogie ordinaire, qui donne

log. sin. côté cher. = log. sin. côté donné + log. sin. ang. adj.
— log. sin. ang. opp.

Maintenant que vous connoissez deux angles et les côtés opposés à ces angles, la question présente est absolument la même que la précédente : vous pourrez donc calculer, comme ci-dessus, le troisieme côté et le troisieme angle.

Lorsqu'on n'a pas besoin du côté opposé au second angle donné, on peut avoir le troisieme angle et le troisieme côté, en operant comme il suit.

Considérez le troisieme angle comme l'angle au sommet, le troisieme côté sera la base ; et calculez l'angle et la base par le moyen de leurs segments, vous aurez pour l'angle,

log. cot. segm. adj. = log. cos. côté + log. tang. ang. adj.
log. sin. segm. séparé = log. sin. segm. adj. + log. cos. ang. opp.
— log. cos. ang. adj.

Vous aurez les segments de la base de cette maniere :

log. tang. segm. adj. = log. cos. ang. adj. + log. tang. côté.
log. sin. segm. sép. = log. sin. segm. adj. + log. cot. ang. opp.
— log. cot. ang. adj.

Les segments de l'angle et ceux de la base étant connus, l'angle et la base ne tarderont pas à l'être.

Solution graphique de la réduction de la distance apparente de deux astres en distance vraie.

Cette réduction est le résultat de deux constructions. Dans la premiere, on connoît les trois côtés d'un triangle sphérique, et l'on construit l'angle opposé à l'un d'eux ; dans la seconde, on connoît deux côtés et l'angle compris, et l'on construit le troisieme côté.

Soient (*fig.* 5) ZS et ZL les distances au zénith apparentes du soleil et de la lune, SHL'' la distance apparente de ces deux astres :

Pour construire l'angle au zénith, menons, comme nous avons fait *page* 38, *lig.* 1 *et suiv.*, les diametres ZCN, SCS''; par le point L menons au diametre ZN la perpendiculaire L*gn*, et par le point L'' la perpendiculaire L''*q* au diametre SS''. Sur L*n*, comme diametre, décrivons la demi-circonférence L*mn*; du point *p*, où se coupent L*n* et L''*q*, élevons sur L*n* la perpendiculaire *pm*, terminée à la circonférence, et tirons le rayon *gm* : l'angle *ngm* sera l'angle cherché.

En effet, concevons que les secteurs CLZ, CL''S tournent, le premier sur CZ, et le second sur CS, comme sur des axes, jusqu'à ce que les rayons CL et CL'' se soient réunis en un seul ; alors la demi-corde L*g*, qui, dans ce mouvement, ne sera pas sortie d'un plan mené par L*n* perpendiculairement à celui du méridien ZSNL, fera avec *gn* un angle qui sera évidemment la mesure de l'angle au zénith : de même la demi-corde L''C (1), qui ne sera pas sortie d'un plan mené par L''*q* perpendiculairement à celui de la figure, fera avec C*q* un angle qui sera la mesure de l'angle au soleil. Les points L et L'' qui

(1) La lettre C placée au centre, étant près du milieu de L''*q*, peut aussi désigner le point où SS'' coupe L''*q*.

ne seront pas sortis de la surface d'une sphere engendrée, soit par la révolution du demi-cercle ZLN autour de ZN, soit par la rotation de SL''S'' autour de SS'', seront réunis en un seul point, qui sera tel qu'une perpendiculaire abaissée de ce point sur le plan du méridien, sera la section commune de deux plans perpendiculaires à celui de la figure, et passant, l'un par la droite L*n*, et l'autre par la droite L''*q*. Ainsi le pied de cette perpendiculaire sera sur la droite L*n*, et sur la droite L''*q*; il sera donc au point *p*, qui leur est commun.

Si l'on conçoit le demi-cercle L*mn* élevé perpendiculairement au plan de la figure, l'ordonnée *pm* sera la perpendiculaire dont il s'agit; le point *m* sera le lieu où seront réunis les points L et L''; le rayon *gm* et la demi-corde *g*L seront réunis en une seule droite située dans le vertical de la lune: cette droite *gm* fera donc avec *gn* un angle rectiligne *ngm*, qui sera la mesure de l'angle plan formé par le vertical du soleil et par celui de la lune. Cet angle *ngm* sera donc la mesure de l'angle au zénith.

Pour avoir l'angle au soleil il suffit de construire un triangle rectangle ayant pour hauteur la perpendiculaire *pm*, et L''C ou $\frac{1}{2}$ L''*q* pour hypoténuse. L'angle opposé à *pm* sera la mesure de l'angle au soleil.

Pour avoir l'angle à la lune il faut faire une nouvelle construction semblable à la précédente, avec cette différence pourtant que les trois côtés doivent être développés, non pas sur le plan du côté ZS, mais sur celui de ZL, ou sur celui de SL.

Connoissant les trois angles Z, S, et L, pour trouver les côtés, on fera des suppléments de ces angles les côtés d'un triangle dont on construira les angles: les suppléments de ces angles seront les côtés cherchés.

Proposons-nous maintenant cette question:

Connoissant l'angle au zénith, et les distances au zénith apparentes de deux astres, trouver la distance apparente de ces deux astres.

Soient ZS et ZL les distances au zénith apparentes du soleil et de la lune; S'Z'L' la mesure de l'angle au zénith: du point L, tirons la corde L*n*, perpendiculaire à l'axe ZN; sur L*n*, comme diametre, décrivons la demi-circonférence L*mn*; tirons le rayon *gm*, qui fasse avec *gn* l'angle *ngm* égal à l'angle donné

S'Z'L'; du point *m* abaissons sur L*n* la perpendiculaire *mp*; et par le point *p* tirons la corde *qp*L'' perpendiculaire au diametre SS'' : l'arc SL'' ainsi déterminé sera la distance apparente cherchée.

Cette construction ne differe de la précédente qu'en ce que, dans la précédente, la grandeur du côté SL'' a déterminé le point *p* qui a servi à déterminer la grandeur de l'angle ; au lieu qu'ici la grandeur de l'angle détermine le point *p*, qui sert à déterminer la grandeur du côté SL''.

Au lieu de prendre pour données l'angle au zénith et les distances au zénith apparentes des deux astres, si l'on eût pris l'angle au zénith et les distances au zénith vraies, il est clair que cette construction eût donné la distance vraie des deux astres.

Cette construction donne le troisieme côté d'un triangle dont on connoît deux côtés et l'angle compris; pour avoir les deux autres angles on emploiera la premiere construction.

Connoissant deux angles et le côté adjacent à ces angles, pour avoir le troisieme angle, des suppléments des angles et du côté adjacent, on fera les côtés et l'angle compris d'un nouveau triangle dont on construira le troisieme côté : le supplément de ce côté sera l'angle cherché.

La réduction graphique d'une distance apparente en une distance vraie nous a donné occasion de parcourir les quatre premiers cas de la résolution géométrique des triangles sphériques : il n'en reste plus que deux dont voici une construction assez simple.

Connoissant deux côtés et l'angle opposé à l'un d'eux, trouver, 1°. *l'angle opposé à l'autre côté*, 2°. *le troisieme côté*, 3°. *le troisieme angle.*

La construction que je vais donner étant en grande partie la même que la précédente, je me dispenserai de tracer de nouvelles lignes analogues à celles de la construction précédente ; mais je vais les indiquer de maniere que le lecteur qui voudra faire la figure n'éprouve aucune difficulté à opérer suivant cette indication.

Les lignes qui ne sont qu'indiquées, mais qui sont analogues à celles de la construction précédente, seront désignées par les mêmes lettres accentuées.

Soient ZS et Zn (*fig.* 5) les deux côtés connus, et $Z'S'L'$ l'angle opposé à Zn, ou adjacent à ZS; du point S menons une corde $Sg'n'$, perpendiculaire à ZN; sur cette corde, comme diametre, décrivons la demi-circonférence $Sm'n'$; menons le rayon $g'm'$, qui fasse avec $g'n'$ un angle $m'g'n'$ égal à l'angle donné $Z'S'L'$; du point m' abaissons sur $g'n'$ la perpendiculaire $m'p'$; du même point m', comme centre, et d'un rayon ng (sinus du second côté Zn) décrivons un arc qui coupe $g'n'$ en deux points x et y, et menons les obliques $m'x$ et $m'y$: l'angle aigu $m'yg'$, et l'angle obtus $m'xg'$, seront les valeurs de l'angle opposé au côté Zn.

Du point p', comme centre, et d'un rayon $p'x$ ou $p'y$, décrivons un cercle; enfin, par le centre C du cercle ZSNL, menons-lui deux tangentes, elles couperont l'arc indéfini ZLR en deux points qui détermineront les deux valeurs du troisieme côté.

En effet, suivant la construction précédente, les angles $m'yg'$ et $m'xg'$ sont évidemment les deux valeurs de l'angle opposé au second côté Sn.

Maintenant concevons le demi-cercle $Sm'n'$ perpendiculaire au plan de la figure, qui est celui du troisieme côté; alors $m'p'$ pourra être considérée comme l'axe d'un cône droit dont l'apothême est $m'x = m'y = gn$. Le secteur CZS ayant tourné sur CZ jusqu'à ce que son plan fasse avec celui de la figure un angle $m'g'n'$ égal à l'angle donné $Z'S'L'$, le point S sera nécessairement placé au sommet m' du cône. Menons par le centre C deux plans tangents à la surface de ce cône; il est clair que le secteur CZn étant porté sur l'un ou l'autre de ces plans, de maniere que le rayon CZ soit situé sur leur section commune Cm', l'autre rayon Cn sera nécessairement dans le plan de la figure, puisque $m'x = m'y = gn$. Les tangentes menées par le point C à la base du cône détermineront donc les deux positions du rayon Cn, et partant les deux valeurs du troisieme côté.

Si l'on veut le troisieme angle, on pourra le construire par le moyen des trois côtés.

Connoissant deux angles et le côté opposé à l'un d'eux, trouver, 1°. *le côté opposé à l'autre angle,* 2°. *le troisieme angle,* 3°. *le troisieme côté.*

En prenant les suppléments des deux angles et du côté donné, on aura dans le triangle supplémentaire deux côtés connus et l'angle opposé à l'un d'eux. Construisant, comme ci-dessus, les deux angles et le troisieme côté, puis prenant leurs supplé-ments, on aura les deux autres côtés et le troisieme angle.

REMARQUE.

J'aurois bien voulu, dans tous les calculs précédents, faire usage de la nouvelle division du quart-de-cercle; mais la *Connoissance des temps* et les *Tables nautiques* n'étant point encore subordonnés à cette graduation, les marins n'auroient point été en état de suivre mes calculs. J'ai donc fait usage de l'ancienne; et je crois que les marins doivent en user ainsi jusqu'à ce qu'ils aient des tables nautiques, des cartes hydrographiques, et des instruments gradués suivant la loi centésimale.

Au reste, soit qu'à un même calcul on emploie l'ancienne division, soit qu'on y applique la nouvelle, les logarithmes des sinus, ceux des cosinus, des tangentes, des co-tangentes, etc. donnés dans le premier cas par les tables sexagésimales, et par les centésimales dans le second, seront absolument les mêmes; et il n'y aura de différence que dans la maniere d'exprimer les quantités angulaires, qui sont les données et les résultats du calcul.

Cela est évident, et sera rendu très palpable par le fait. Concevons que, tandis qu'un marin fait avec un cercle de Borda et des tables sexagésimales les observations et les calculs de la réduction, tels qu'on le voit au type du calcul de la formule LX, un autre officier du même bord fasse en même temps les mêmes observations avec un nouveau cercle, et le même calcul avec de nouvelles tables, il est clair que le type de ce calcul sera tel qu'on le voit ici.

D	=	113°	88′	89″		
H	=	30	55	56	— cos.	0,0520711
H′	=	17	12	96	— cos.	0,0159148
Somme P	=	161	57	41		
$\frac{1}{2}$P	=	80	78	70,5	cos.	9,4731013
$\frac{1}{2}$P — D	=	33	10	18,5	cos.	9,9384386
h	=	31	45	90	cos.	9,9466649
h'	=	17	06	88	cos.	9,9841994
$h+h'$		48	52	78	Som.	39,4083901
					$\frac{1}{2}$ som.	19,7041950
					Dif.	9,7365335 sin. A.
$\frac{1}{2}(h+h')$		24	26	39	cos.	9,9676615
					cos. A	9,9234122
					Somme sin. $\frac{1}{2}d$	9,8910737
d	=	113	54	04	distance corrigée.	

A = 36° 70′ 71″

$\frac{1}{2}d$ = 56 77 02

Ces logarithmes, pris dans mes tables centésimales, sont absolument les mêmes que ceux du type de la formule LX. Cette identité fournit un moyen bien simple de vérifier les observations; car, suivant l'un et l'autre système, si les angles ont été bien pris, dans l'un et l'autre calcul les logarithmes doivent être les mêmes. Ainsi l'usage des tables sexagésimales, bien loin d'être rejeté, doit, ce me semble, marcher de front avec celui des tables centésimales.

FIN.

Sup. à la Trig. Sph. et à la Navig. de Bezout &c. par F. Callet.

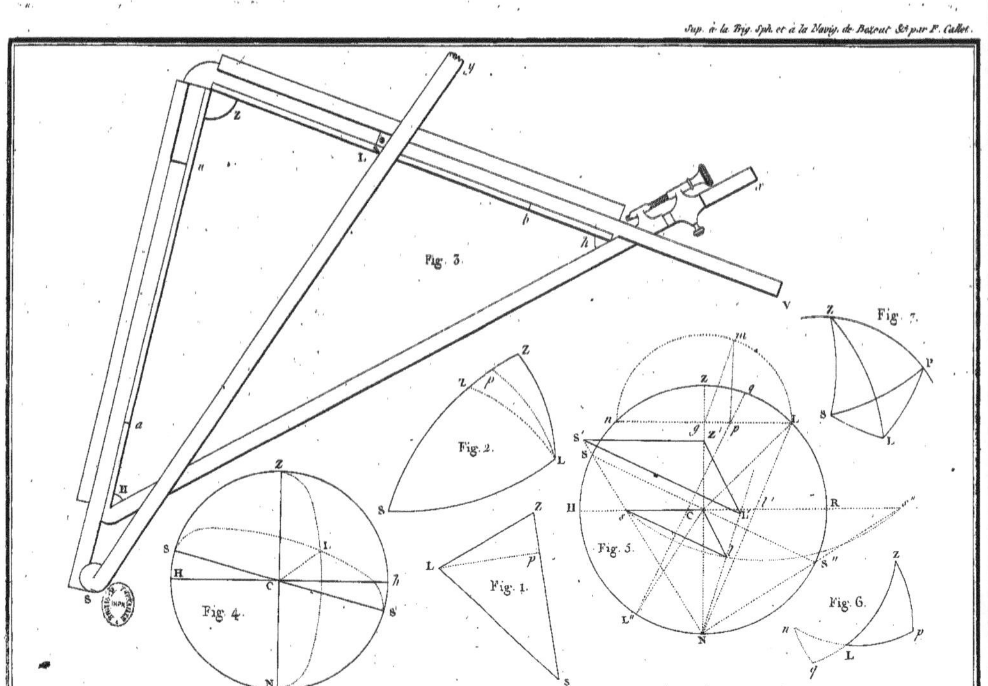

www.ingramcontent.com/pod-product-compliance
Ingram Content Group UK Ltd.
Pitfield, Milton Keynes, MK11 3LW, UK
UKHW021556260726
13993UKWH00002B/874

9 782329 154183